哈尔滨历史文化丛书
丛书主编：李述笑　阿　成

流派纷呈

哈尔滨建筑风格纵览

卜　冲　高　虹　于秋月◎编

黑龙江大学出版社

图书在版编目（CIP）数据

流派纷呈 : 哈尔滨建筑风格纵览 / 卜冲, 高虹, 于秋月编. -- 哈尔滨 : 黑龙江大学出版社, 2025. 6.
(哈尔滨历史文化丛书 / 李述笑, 阿成主编). -- ISBN 978-7-5686-1241-8

Ⅰ. TU-862

中国国家版本馆 CIP 数据核字第 20256SL267 号

流派纷呈

哈尔滨建筑风格纵览

LIUPAI FENCHENG HAERBIN JIANZHU FENGGE ZONGLAN

卜　冲　高　虹　于秋月　编

责任编辑　魏翕然　邱　实

出版发行　黑龙江大学出版社

地　　址　哈尔滨市南岗区学府三道街 36 号

印　　刷　哈尔滨市石桥印务有限公司

开　　本　720 毫米 ×1000 毫米　1/16

印　　张　11.75

字　　数　188 千

版　　次　2025 年 6 月第 1 版

印　　次　2025 年 6 月第 1 次印刷

审 图 号　黑 S（2025）70 号

书　　号　ISBN 978-7-5686-1241-8

定　　价　49.80 元

哈尔滨历史文化丛书编委会

关于哈尔滨

关于哈尔滨，没去过的人会有某些听闻和想象；去过的人会留下某些愉快的乃至深刻的记忆；如我这样早年间离开了哈尔滨，久居外省市的人，对哈尔滨的认知已非常局限；而老一辈哈尔滨人和哈尔滨的新生代，对自己家乡的认知，差别又必然很大。

作为土生土长的哈尔滨人，我对这座城市充满感情。从塞外村镇到国际都市、从“共和国长子”到新晋顶流，哈尔滨饱经风雨、英雄辈出，历史悠久、文化多元，物华天宝、人杰地灵。濒江而生、依路而兴的人文风貌，多元交融、凸显智慧的建筑格调，美轮美奂、多姿多彩的冰雪文化，雅俗共赏、魅力非凡的音乐元素，中外荟萃、特色独具的风味美食……凡此种种让这座历史虽然不长，但却极具荣光与力量的国家历史文化名城频频火爆出圈。

有谁想较全面地了解哈尔滨这座众说纷纭的城市吗？

这样的人肯定是有的。

也许，还不少吧？

那么，哈尔滨历史文化丛书对于以上群体应该是具有吸引力的。

丛书目前共七册——《风雨华章——国家历史文化名城哈尔滨》《城市符号——哈尔滨历史城区的人文风情》《流派纷呈——哈尔滨建筑风格纵览》《华彩乐章——音乐之城哈尔滨》《冰情雪韵——哈尔滨冰雪文化》《艺彩风华——文艺名人在哈尔滨》《百年味道——哈尔滨饮食文化寻踪》。

七册书图文并茂，收印了许多珍藏的历史照片，可以说是关于哈尔滨的较全面的小百科书，既能满足了解愿望，又具有欣赏价值、收藏价值。

作为哈尔滨人，我甚为这一套丛书的出版而高兴。遵命作序，倍觉荣幸。

梁晓声

2025 年 6 月 8 日　北京

写在前面

众所周知，历史的丰富性不单是在于文献的表达，而且那些源自于民间的传说、传闻，甚至个人亲历的表述，也是对历史文献的一种有益的补充，在某种程度上，亦可视为对历史文献中的某些含混之处的勘正。对这种多元史料的多义性、丰富性、矛盾性的判断、研究、择取，不仅是作者要面临的难题，更是挑战。再加上历史资料占有的局限，虽然每一位作者都在追求表达的完美、完整，百分之百做到还原一座城市历史的全貌，没有遗珠之憾，可这毕竟是今人和后人永远不可能实现的梦想。毕竟汹涌澎湃的历史长河，带走了许多我们尚不掌握的、珍贵的史料。在这样的情势之下，难免挂一漏万。因此，在这里恭恭敬敬，请方家补正之。

前言

哈尔滨是一座承载百年城市文明史诗的多元文化之都，独特的历史际遇与地缘特征，铸就了中国近代建筑史上最璀璨的范式宝库。从巴洛克穹顶到哥特尖塔，从新艺术曲线到中华巴洛克的四合院落，各个建筑流派在此碰撞共生。凝固的音乐穿越时空，将欧陆风情与东方智慧熔铸成独具魅力的建筑交响诗。

本书深度解析哈尔滨近现代涌现的十余种建筑流派，力求呈现各个时期代表性建筑的精妙形制与人文意蕴，完整再现哈尔滨建筑艺术从文化交融到自主创新的百年演变图谱，为读者勾勒出哈尔滨独特的建筑艺术发展轨迹。

全书恪守以图证史、以史诠图的理念，力求在学术纵深与公众审美之间构筑对话的桥梁，通过建筑密码的破译，引领读者触摸城市文脉中生生不息的生命韵律。然囿于文献钩沉之艰与笔者学力所限，遗珠之憾恐难尽免，尚祈方家对书中舛误不吝赐教。

目录

综述

哈尔滨的建筑史是一部多元文化碰撞交融的历史，其独特风貌的形成与特殊的地理位置、历史事件（尤其是中东铁路的修建）以及多国移民的涌入紧密相关。

中东铁路火车的汽笛一声长鸣，改写了这座城市的历史叙事，从此哈尔滨由默默无闻的小渔村，变为多元文化交融的都市。1898 年的铁轨就像穿越时空的琴弦，将俄罗斯的洋葱顶、犹太人的小提琴、波兰的诗歌、巴黎的时装、高加索的烧烤与中国的青砖灰瓦、民俗文化巧妙地编织在一起，奏响了一曲恢宏壮丽的交响曲。而作为“凝固的音乐”之建筑，则是这首交响曲中最浑厚、最激昂、最悠扬的华章。

漫步在哈尔滨的街头巷尾，俄式的穹顶宛如梦幻中的城堡，带着浓郁的异域风情；中华巴洛克的雕刻细腻精美，彰显着中国传统建筑工艺的精湛，蕴含着深厚的民族文化内涵；马迭尔的奢华见证了这座城市曾经的繁荣与辉煌；俄罗斯风情小镇等黄房子建筑群，就像饱经沧桑的老人，述说着经年的往事。哈尔滨的中央大街无疑是这座城市的建筑精华所在，中央大街的建筑史就是中外文化交融、城市现代化进程的缩影，从泥泞土道到繁华街区，从简易民房到商铺林立，从劳工贫民群居到富商巨贾聚集，中央大街如同灰姑娘华丽转身，其演变过程融合了地理、政治与经济多重因素。如今的中央大街汇集了众多欧式建筑，形成了魅力无穷的露天建筑博物馆。

现在，让我们循着时光的踪迹，徐徐展开哈尔滨百年建筑演进的恢宏画卷。

一、奠基与俄风主导时期（1898—1916 年）

俄国建筑师将设计图纸带到哈尔滨，受当时欧洲流行的新艺术运动影响，这个时期呈现的是俄罗斯新艺术运动风格及木结构建筑。

1903 年中东铁路全线通车，车站正式定名“哈尔滨站”。哈尔滨火车站采用新艺术运动风格——曲线门窗、铁艺装饰与柔美线脚。流动的铁艺曲线重构俄罗斯的厚重传统，昭示着新艺术运动在中国的萌芽。它与位于大直街的圣尼古拉大教堂构成城市景观轴线。

圣尼古拉大教堂是一座最具视觉冲击力的宗教建筑，它完美体现了俄罗斯木构建筑的精髓，在哈尔滨的建筑群中独树一帜，成为这座城市早期俄罗斯印记的最重要象征之一。

1907 年俄国东西伯利亚第四步兵师的随军教堂在哈尔滨衍生出了一座全木结构的圣索菲亚教堂。

随处可见的“黄房子”，榫卯连接，雕花装饰，斜坡屋顶，冬暖夏凉，前后院种着丁香和果树，这是铁路移民带来的俄罗斯传统民居。

作为铁路枢纽城市的哈尔滨，初步奠定了其城市规划和建筑风格的基调。

二、多元文化繁荣与折中主义盛行时期（1917—1931 年）

“十月革命”以后，大批俄国贵族、商人、知识分子、音乐家、画家、建筑师等等，和来自波兰、德国、日本、朝鲜等地的侨民蜂拥而至。他们不仅带来了大量的资金，也带来了新的城市理念和文化风俗。据统计，彼时哈尔滨有 33 国侨民聚居，70 多座教堂，并有 19 国设领事馆。这里诞生了中国首家电影院、啤酒厂。各种建筑风格如雨后春笋般在哈尔滨遍地开花，这时的哈尔滨可谓“欧亚交融，多元荟萃”。虽然说折中主义建筑是这座城市的主流，但是，那些侨民建筑师们在这座城市充分地放飞自己的梦想，一时间，古典主义、哥特式、拜占庭、巴洛克、文艺复兴、新艺术运动等建筑风格，以不同的身姿完成了它们和这座城市的历史性约会。

从 1923 年开始再建的圣索菲亚大教堂，历经九年成为当时远东最大的拜占庭风格正教堂。这座教堂的洋葱头穹顶与红砖外墙成为哈尔滨最具辨识度的地标之一。

而犹太新老会堂、犹太中学、鞑靼清真寺等一系列的建筑给哈尔滨的总体建筑风格增添了别样的格调。

特别值得书写的是，由中国工匠融合西方建筑文化创造的道外“中华巴洛克”风格自成一派，将中国人的文化观念、居住模式和装饰习惯很巧妙地与西方建筑体系、建筑技术结合起来，形成了充满本地民俗和地域色彩的中西合璧式的建筑风格。

与此同时，呈现中国传统建筑风格的极乐寺和文庙也脱颖而出。

这个时期，哈尔滨迅速崛起，成为一座国际化的商埠，呈现了多元文化繁荣景象。

三、沦陷与现代主义萌芽时期（1932—1945 年）

铁蹄下的哈尔滨笼罩在压抑之中，城市文化受到冲击。一些简约的早期现代主义建筑开始在哈尔滨出现。这些建筑的空间布局外观简洁，基本不带装饰，也有一些建筑表现出装饰艺术建筑风格，如新哈尔滨旅馆、哈尔滨会馆等。简约风格的城市建筑与之前的城市风貌有很大不同。这种多元色彩的建筑风格，预示着哈尔滨的城市建筑风格兼容并蓄。

四、新中国成立与苏联影响时期（1946—1977 年）

1946 年哈尔滨解放，1949 年新中国成立，哈尔滨的城市建设开启了蓬勃发展的崭新历程，由消费城市转化为生产城市，一批具有纪念意义和公共功能的建筑相继落成，诸如苏联红军烈士纪念碑、工人文化宫、防洪纪念塔、工人疗养院，以及国家第一个五年计划期间建设的哈尔滨“三大动力”生活、工业、混合区建筑群等。这些建筑呈现出鲜明的苏联社会主义民族建筑风格，可谓苏韵华章、素构创新。其恢宏体量、典雅色彩和独特建筑符号与哈尔滨的历史建筑实现了有机融合，共同构成了城市重要的历史文化景观区。

五、 改革开放与当代发展时期（1978 年至今）

乘着改革开放的东风，城市发展迎来了全新机遇，一批彰显时代精神的现代建筑为城市风貌增添了崭新气象，哈尔滨国际会展体育中心、黑龙江省科学技术馆、黑龙江省广播电视塔等新地标的崛起，已然成为哈尔滨城市形象的新名片。随着国外现代建筑思潮涌入，高层建筑不断涌现，玻璃幕墙、钢结构等得到广泛应用。建筑风格也日益多元化、国际化，现代主义建筑风格崭露头角，呈现出前卫大气、典雅现代的风范。哈尔滨大剧院、哈尔滨音乐厅等新地标拔地而起。同时对历史建筑的挖掘、保护和再利用也备受重视。

沿着哈尔滨建筑的历史文脉，呈现在我们面前的有：新艺术运动建筑风格、俄罗斯传统建筑风格、拜占庭建筑风格、哥特式建筑风格、古典主义建筑风格、浪漫主义建筑风格、文艺复兴建筑风格、巴洛克建筑风格、折中主义建筑风格、中东传统建筑风格、中国传统建筑风格、中华巴洛克建筑风格、装饰艺术建筑风格、早期现代主义建筑风格、仿中国传统建筑风格、社会主义民族建筑风格、古典复兴风格、现代主义建筑风格等 18 种建筑风格。

我们要感谢那些身怀真才实学的建筑设计师们，他们的探索与实践为这座城市带来了风格纯正、结构严谨且工艺成熟的建筑杰作，奠定了城市整体建筑基调。正是这种创作主体的良性机制与素养，推动了城市多元文化的成功对话与融合，构筑了地域文化的深厚根基与精神支点。

哈尔滨现有文物建筑 961 栋以及历史建筑 303 栋，有 13 片历史文化街区，9 片历史文化风貌区。它们主要分布在道里、道外、南岗、平房和呼兰地区。就地域而言，新艺术运动风格主要汇聚于南岗中东铁路历史建筑群与道里中央大街片区；折中主义风格分布最为广泛，各区均有遗存，尤以道里、道外及南岗的公共建筑群落最为集中；俄罗斯建筑遗风集中体现在南岗花园街历史文化街区和江畔公园；拜占庭风格则完美呈现于道里、南岗的砖石教堂建筑群，圣索菲亚教堂与圣母守护教堂堪称典范；中国传统建筑以极乐寺、文庙及新中国成立后仿古建筑为代表，主要分布于南岗片区；而道外靖宇大街周边的“中华巴洛克”建筑群，不仅保存完整，其独特的街道立面更构成鲜明的地域标识；哈尔滨工业建筑文化特色的体现主要集中在香坊区和平房区，尤其是香坊区在“一五”期间兴建的一系列工业建筑，展现出典型的社会主义民族式风格，这些工业区及其生活区已成为重要的历史文化区；现代建筑则广泛分布于城市各个区域，并在经济技术开发区和城市新区中有集中的体现。

在当今全球化浪潮中，哈尔滨人正以“锐意进取、敢为人先”的精神，勇敢回应时代命题。

当你走出哈尔滨火车站的站台，一步踏进这座百年城市时，便能在风格各异的建筑群中邂逅迥异的风情。在中央大街不同建筑风格的餐厅里，你可以细品各色珍馐与醇香红酒；静坐在现代艺术风格的哈尔滨大剧院中，你能欣赏俄罗斯顶级芭蕾舞团演绎的《天鹅湖》；步入犹太会堂，便沉浸于扣人心弦的室内音乐会中；走进中华巴洛克街区，你便一头扎进热气腾腾的人间烟火；伫立于拜占庭风格的索菲亚教堂前，换上俄罗斯传统服饰，瞬间让你回溯时空；亦可踏入文庙，与千年前的圣人展开理性的心灵对话；漫步太阳岛俄罗斯风情小镇的俄式民居旁，在丁香花簇拥下啜饮咖啡，任闲适漫过指间；推开圣母守护教堂——这座曾迎接普京总统到访的国内唯一开放的东正教堂——的雕花木门，庄严与静谧直抵心间；当玉蝶纷飞时节，你更能在冰雪大世界领略震撼人心的冰雪建筑奇观……此刻的建筑早已不是冰冷的砖石瓦块，而是穿越岁月长河与你深情凝望的故友。

哈尔滨，是一座有温度的城市，一座浪漫之都。她洋溢着浓郁的异域风情，亦坚守着深厚的本土文化；她敬畏历史的年轮，更勇立时代创新的潮头；她头戴晶莹的冰雪之冠，却始终以滚烫的热情拥抱八方来客。

上篇

1898—1946 年
哈尔滨建筑艺术

新艺术运动建筑风格

在哈尔滨的主要街道和重要地段，有很多由俄国建筑师设计的新艺术运动风格建筑。新艺术运动是19世纪90年代至20世纪初在法国、德国、奥地利、比利时、英国等国掀起的一场艺术设计运动。随着中东铁路的修建和运行，新艺术运动由莫斯科和圣彼得堡的工程师们带到了哈尔滨。在现代城市雏形时期，哈尔滨的一系列大型公共建筑以及中东铁路高级职工住宅，大多采用了这种建筑风格。哈尔滨因此成为国内新艺术运动风格建筑保存最多的城市。

新艺术运动建筑风格的核心是以自然为灵感，主要特点是大量运用曲线和非对称性线条，关系到绘画、雕塑、建筑等多个艺术门类。在建筑上的体现是排斥复古的建筑式样，倾向于采用灵动、自由的曲线表现建筑。通常使用大量的自然元素，将铁艺装饰和彩色玻璃巧妙结合，创造丰富的视觉效果，力图打破传统历史主义束缚，探索工业化时代的新美学语言。

▲ 中东铁路管理局（今中国铁路哈尔滨局集团有限公司）

▲ 莫斯科商场（今黑龙江省博物馆）

▲ 1904年落成的哈尔滨火车站第一代站舍

▲ 马迭尔宾馆

新艺术运动建筑在哈尔滨形成了独具特色的表达语言。这些建筑包含了欧洲经典的新艺术运动建筑式样以及俄罗斯装饰符号化的建筑形式，把哈尔滨打扮成了一座犹如童话般的艺术之城。在欧洲新艺术运动风潮止息之后，哈尔滨依然延续了这一风格。

▲ 中东铁路管理局宾馆（今龙门大厦贵宾楼）

▲ 中东铁路技术学校（今哈尔滨工业大学博物馆）

▲ 中东铁路高级职员住宅（今南岗博物馆）

哈尔滨火车站第一代站舍

哈尔滨火车站，位于车站街（今红军街）北端与铁路街东端交角处。始建于 1899 年，1904 年落成投入使用，是中东铁路（时称“东清铁路”）唯一的一等站及中心枢纽站。由俄国建筑师基特维奇设计，新艺术运动建筑风格。站舍坐北朝南，两侧为二层，中间为一层，为砖混结构建筑。

其设计方案在俄国完成，是哈尔滨城市建设初期最早修建的几座大型建筑之一。整体造型优雅别致，充满灵动感。平面采用非对称式布局，由一、二、三等候车室，中央门厅，餐厅及处于最右端的中国人候车室等五个大厅构成。每个候车室都有各自的入口和检票口，功能分区明确。立面采用新艺术运动风格，门、窗、墙上用灵活洒脱的曲线，构造出自由活泼的形体。色调上采用了清新淡雅的米黄色，给人以高雅脱俗之感。

1959 年为扩展火车站运力，老站舍被拆除。

▲ 20 世纪 20 年代的哈尔滨火车站

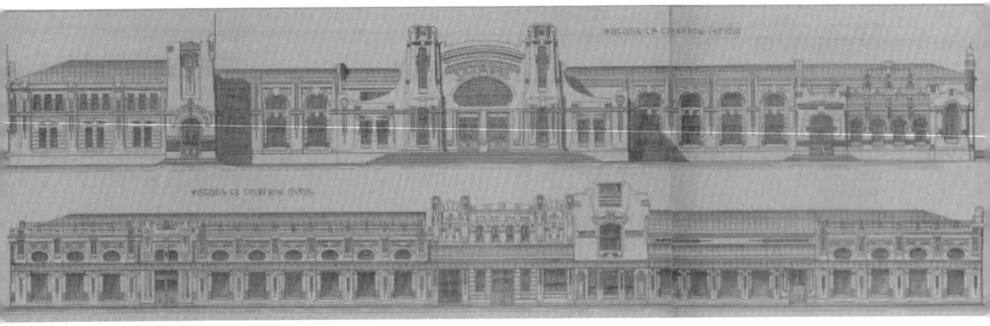

▲ 哈尔滨火车站建筑立面图

马迭尔宾馆（原马迭尔旅馆）

马迭尔宾馆位于道里区中央大街 89 号，建于 1913 年，创始人是俄籍犹太商人约瑟夫·卡斯普，设计师是谢·阿·文萨恩。原为砖木结构，地上三层，地下一层，属于新艺术运动建筑风格。1915—1916 年宾馆扩建南楼，1922 年又向东进行第二次扩建，后又经历多次改建和扩建，是当时哈尔滨最豪华的多功能旅馆之一，设有客房、饭厅、舞厅、电影院，因此成为当时达官显贵、社会名流交际活动的场所。1948 年，新政协筹备活动在此进行。多位中外历史文化名人曾在此下榻。

“马迭尔”的俄文意思是摩登的、现代的、时髦的，其名正好符合这栋建筑的风格。建筑造型优美典雅，时尚奢华且不流俗。立面节奏富于变化，主入口段的立面采用挑出阳台和大雨篷。基座厚重，通过二层和三层的三联窗和通高壁柱增强建筑的竖向线条感，使建筑看起来更加挺拔。同时通过窗型、阳台、高挑通透的女儿墙、充满浪漫气息的孟莎式屋顶等元素突出较强的新艺术运动特征。

▼ 20 世纪 20 年代马迭尔旅馆南面和西面的旧影

▼ 20 世纪 20 年代马迭尔旅馆北面和西面旧影

▼ 1915 年改造前的马迭尔旅馆北楼

▼ 马迭尔宾馆西八道街一侧街景

中国铁路哈尔滨局集团有限公司（原中东铁路管理局）

中国铁路哈尔滨局集团有限公司位于今南岗区西大直街 51 号，原为中东铁路管理局，于 1904 年建成，设计师是伊·伊·奥勃洛米耶夫斯基，施工技术员是谢列勃良尼什科夫。建筑为砖木结构，属于新艺术运动建筑风格。1953 年后为哈尔滨铁路管理局，2017 年更名为中国铁路哈尔滨局集团有限公司，是第七批全国重点文物保护单位。

中东铁路管理局大楼，是中东铁路建设时期哈尔滨的地标性建筑，俗称“大石头房子”，也是当时哈尔滨新艺术运动风格建筑中单体体量最大的建筑。建筑主体退后大直街布置，留出广场空间，使得建筑显得格外庄重和舒展。建筑群采用古典对称式的布局，通过单元式的体块划分建筑立面，呈现凹凸变化，使得建筑看上去并不呆板。

中东铁路管理局大楼是由多栋楼房组合而成的楼群，外观既庄严又俊美，规模宏大，气势恢宏。主体建筑的立面造型整体上简洁明快，采用石材砌筑，色彩较为稳重。建筑群高低错落、比例得当，立面上的卷涡形女儿墙垛冲出屋顶，造型别致，与屋顶的铁艺装饰一并呈现出新艺术运动建筑风格的典型特征。

▼ 中东铁路管理局

▼ 中东铁路管理局大楼立面图

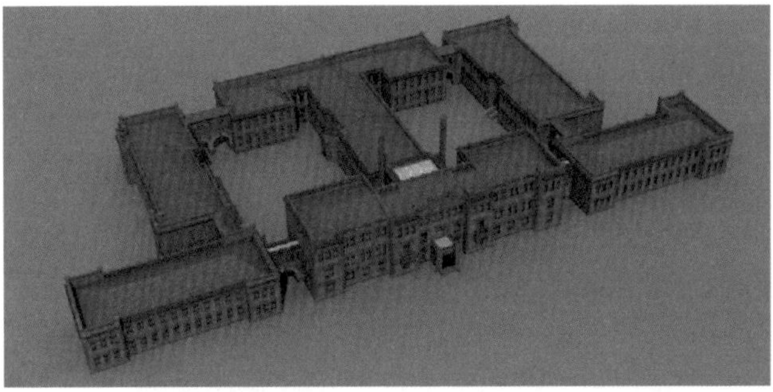

▶
中东铁路管理局大楼三维模型

黑龙江省博物馆（原莫斯科商场）

黑龙江省博物馆位于今南岗区红军街 46 号，原为莫斯科商场，1908 年建成，设计师是康·卡·约基什，建筑为砖木结构，属于新艺术运动建筑风格。1923 年为东省文物研究会及其陈列所，1954 年后为黑龙江省博物馆。是第六批全国重点文物保护单位。

建筑位于圣尼古拉教堂广场西侧，是广场的一个重要组成部分，和其他建筑共同起到了界定广场空间的作用。建筑平面呈折线形布局，采用典型的百货商场空间形制，类似于莫斯科红场东侧的古姆商场，有重复的单元立面和突出的带有穹顶的入口空间。在立面造型上，拱形窗和曲线装饰造型彰显了新艺术运动建筑风格的精髓，同时，三个巨大、醒目的红色孟莎式屋顶又展现出巴洛克建筑风格的特质，屋顶高低错落，塑造了富有节奏感的城市天际轮廓。

▼ 1908 年落成的莫斯科商场

◀ 1923年东省文物研究会陈列所在莫斯科商场开办

▼ 黑龙江省博物馆现状

龙门大厦贵宾楼（原中东铁路管理局宾馆）

龙门大厦贵宾楼位于今红军街85号，原为中东铁路管理局宾馆，于1904年落成，设计师是阿·符·杰尼索夫。建筑为砖木结构，属于新艺术运动建筑风格，是当时哈尔滨规模最大、设施最完备的旅馆。1907—1909年曾为俄国驻哈尔滨总领事馆，20世纪20年代为中东铁路公司理事会办公楼，1937年更名为“大和旅馆”，1968年后成为哈尔滨铁路局招待所。是哈尔滨市第三批文物保护单位。

中东铁路管理局宾馆是哈尔滨早期最先建成的大型公共建筑之一，是新艺术运动建筑风格的代表。建筑主体是两层平面为L形的转角建筑。建筑主体的沿主街部分和转角部分通过连接体和外廊连接在一起，高低起伏，富于变化。建筑立面是两层楼高的通高壁柱，使整个建筑显得简约明快。

建筑的中心为转角部分，是建筑最精彩、最突出的部分，入口是汉白玉石阶，转角的墙面设计了装饰性的大窗，十分醒目，对应的女儿墙上有精美的新艺术运动风格的椭圆形窗洞和曲线型雕饰。

这栋建筑的最特别之处是入口的雨篷，从入口上方延伸出来的雨篷是在 1936 年第二次装修后加上去的，铁艺雨篷镶嵌着彩色玻璃，在风格上与原有建筑十分契合，成为这栋建筑的特色之一。室内装饰和设备也极为精致讲究，是当时远东地区最豪华的旅馆建筑之一。

▼ 大和旅馆

◀ 龙门大厦贵宾楼

中东铁路管理局宾馆建成时，属于新艺术运动建筑风格，建筑立面造型优美流畅，外墙的曲线型装饰和植物主题的铁艺花饰充满了浪漫情调。随着时间的推移，这栋建筑的功能经过数次转变，曾做过宾馆、野战医院、俱乐部、办公楼、公寓等，建筑功能的每一次转变，都伴随着室内空间和设施的改变。在第一次大规模装修前，整栋建筑仍保持着高度优雅简洁的建筑语言，立面造型仍强调竖向划分。

1926 年，俄国建筑师伊兹利耶对建筑进行改造设计，对建筑转角主入口上方的墙面装饰做了比较大的调整，增加了二层走廊的天窗。建筑门面则参考圣彼得堡冬宫的样子重新装修，增加了椭圆形曲线主题的装饰、女儿墙顶部的装饰、入口上方大窗的浮雕图案装饰，门斗由原来的左右分开变为宽大的封闭式门廊。这次改变虽然对建筑的入口空间及室内空间做了优化处理，但建筑风格上的混搭与杂糅在一定程度上削弱了建筑艺术的完整性与简洁性。

1937 年，这栋建筑经历了第二次装修，加入日式设计元素，装修后作为大和旅馆使用。建筑的入口空间发生了很大变化，新艺术运动风格特征明显的七彩大雨篷从墙面延伸出来，营造了一种豪华、时尚的氛围。

从最初新艺术运动风格的清雅优美，到冬宫时期的秀美细腻，再到大和旅馆时期的豪华时尚，这栋建筑不仅铭刻着其自身流变的历史轨迹，而且见证了城市发展与社会生活的变迁。

▼ 1926 年第一次大规模装修前

▲ 1926 年大修以后中东铁路理事会

▲ 1937 年第二次装修后

哈尔滨工业大学博物馆（原中东铁路技术学校）

哈尔滨工业大学博物馆位于今南岗区公司街 59 号，原为中东铁路技术学校，于 1904 年建成。建筑为砖木结构，属于新艺术运动建筑风格。1906 年为中东铁路俱乐部，1909 年为俄国驻哈尔滨总领事馆，1920 年为哈尔滨中俄工业学校，1922 年更名为中俄工业大学校，是哈尔滨工业大学的前身。20 世纪 20 年代经历过两次扩建，设计师为斯维里多夫。现为哈尔滨工业大学博物馆。

这栋建筑位于当时理事会街（今公司街）与花园街（今联发街）交会处，这一带是中东铁路行政办公建筑群的所属地。刚建成时，这栋建筑是典型的新艺术运动风格。建筑入口处的造型十分特别，由椭圆形入口、两侧曲线型的贯穿式大壁柱，以及中间屋顶繁复的女儿墙装饰浮雕构成。

1926 年，加建了转角塔楼以及花园街一侧的建筑。其中，转角塔楼部分高出屋顶，塔楼顶部建有圆形观象亭，曲线型的壁柱贯通连接了观象亭和转角部分，极具建筑美感，塔楼墙面上刻着人像浮雕，使建筑更具特色。沿花园街一侧的建筑则采用对称式的布局，建筑主体采用古典对称式的构图，庄重大方，壁柱上的圆环装饰和柱头花瓶为建筑增加了不少趣味。

从单体建筑逐渐演变为围合式布局，这栋建筑完整保留了新艺术运动风格特征，加建部分在与原有建筑保持一致风格的基础上，又具有一定的创新，彰显了俄国建筑师对新艺术运动建筑风格理解与运用的日臻成熟。

▲ 20 世纪初该建筑曾作为俄国驻哈尔滨总领事馆

▲ 中俄工业大学校

▲ 1926 年中俄工业大学校转角处

▲ 中俄工业大学校立面图

红军街 38 号（原沃斯特罗乌莫夫官邸）

红军街 38 号原为车站街中东铁路管理局高级职员住宅，砖木结构，建于 1904 年。1921 年后为中东铁路管理局局长鲍·瓦·沃斯特罗乌莫夫官邸，1950 年为苏联专家楼，1952 年后为铁路职工住宅。

建筑主体地上两层，地下一层，建筑中央部分为规整的方形四坡顶空间，周围附加出带有尖顶的楼梯间、装饰精美的阳台、木构装饰丰富的阳光房以及造型精美的入口，是典型的具有新艺术运动建筑风格的住宅。建筑整体外观为自然元素与几何形体相结合，富于动感。建筑体块高低错落，形体变化十分丰富，黄墙绿顶，色彩明快。

在哈尔滨，相同平面、不同立面的此类建筑共有五栋，点缀在南岗花园街区，形成一道靓丽的风景线。

▲ 1908 年建筑旧影

▲ 20 世纪初拍摄的照片中可以看到该建筑与圣尼古拉教堂的位置关系

▲ 建筑图纸

▼ 建筑细节

南岗博物馆（原中东铁路高级职员住宅）

南岗博物馆位于南岗区联发街 1 号，原为中东铁路高级职员住宅，建于 1904 年。建筑为砖木结构，属于新艺术运动建筑风格。20 世纪 20 年代为东省特别区行政长官官邸，1935 年后为南满铁道株式会社参事住宅，1947 年为东北民主联军（后称中国人民解放军第四野战军）指挥部，1958 年为哈尔滨铁路局花园幼儿园。2012 年修复后成为南岗博物馆。

▲ 该建筑于 1907 年的影像

▲ 老明信片中记录的该建筑以前的全貌

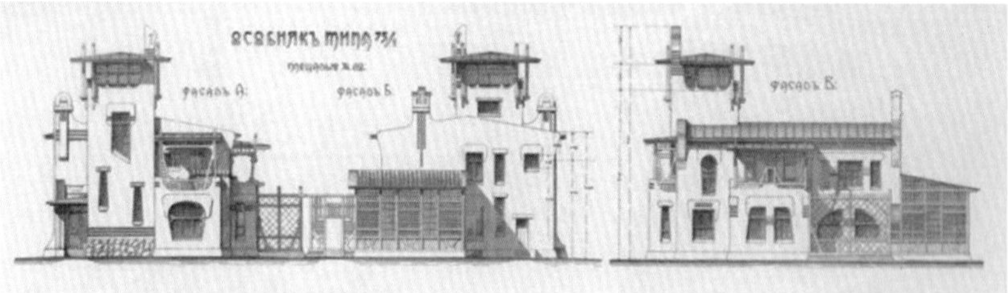

▲ 正立面、后立面、侧立面设计图

平面以四跑楼梯间的入口正对双面走廊组织内部交通，楼梯间正立面中部开三窗，两个等腰梯形窄窗顺楼梯排列，上用直角梯形宽窗。楼梯间顶层的阁楼上覆盖着坡度极缓的正四棱锥铁皮屋顶，一个转角墙体冲出屋顶，其余三个转角都用木方支撑屋面，营造出悬浮的效果。楼梯间一侧的入口雨篷一角用四片曲线木托架柱头的木柱支撑。阳台的形式与阁楼类似，在护栏下的墙体倒圆角，护栏木构件模仿了自然界生长繁茂的草木形态。

▲ 阳台

中央大街 52—58 号（原米尼阿久尔茶食店）

中央大街 52—58 号原业主为外侨费·卡·埃尔姆里，建于 20 世纪 20 年代。原为砖木结构，是新艺术运动建筑风格的典型代表。1926 年，建筑南侧为著名的米尼阿久尔茶食店，北侧为蒙德洛斯缝纫机商店。1939 年为维多利亚西餐厅。20 世纪 50 年代后曾为哈尔滨摄影社。

两层高的沿街建筑通过竖向单元分隔成有韵律感的建筑立面。建筑二层建有阳台，二层顶部设有出挑的檐口，这样的设计使建筑的立面更加丰富，更富有立体感。建筑立面竖向划分成三个单元式的体块，每个体块的造型都很独特，并设有不落地的漂浮式壁柱，在一层中部结束。壁柱顶端高出屋顶的部分装饰着女人像柱头。门窗洞口抹圆角，阳台为虚实相间的曲面造形，女儿墙上留有椭圆形孔洞，其上还有宝瓶雕塑。在单元之间的建筑立面上，一层开大橱窗，二层为磨角式双联窗，两层之间用弧形线角作为分隔线，反弧形的女儿墙上装有精美的铁艺装饰。

环状造型和下方的流苏是哈尔滨建筑特有的新艺术运动风格装饰符号，

在该建筑的不同位置，如壁柱、窗楣、女儿墙、铁艺装饰等处以不同的形式呈现。

整栋建筑大量运用曲线造型，无论是壁柱、线角、阳台，还是门窗、女儿墙，皆以优美的曲线形式呈现。作为新艺术运动元素运用最全面的建筑之一，其比例关系、立面凹凸变化与整体设计协调得体，堪称该风格建筑的典范。

▼ 中央大街 52—58 号建筑

▼ 中央大街 52—58 号建筑细节

▼ 20 世纪 20 年代的米尼阿久尔餐厅

■ 俄罗斯传统建筑风格

哈尔滨早期的俄罗斯传统建筑包括砖石建筑和木构建筑两种，以木构建筑为多数，主要有木刻楞和木板房两种形式，多用于结构复杂且需要快速建造的教堂建筑和居民住宅区的附属用房，中东铁路站房及住宅区的附属用房也常见这种传统建筑风格。例如，早期在哈尔滨修建的俄国东正教堂一般采用木刻楞和井干式的建筑形式：木刻楞指由粗大原木交错搭砌的外墙；建筑内部的大框架是井干式的，指由木架搭建而成的榫卯结构，起到支撑建筑整体结构的作用。

▲ 20 世纪初松花江街建设中的木刻楞建筑

俄罗斯传统木构建筑风格的历史可以追溯到 12 世纪以前，盛行于基辅罗斯公国和莫斯科公国时期。因俄罗斯独特的地理和历史背景，以及丰富的森林资源，木材成为其主要的建筑材料，逐步形成独特的木构建筑风格。这类木构建筑的特点是材料单一、房屋高大、墙体厚重，一般设计有陡坡屋顶和精美的装饰细节。

另外，在哈尔滨的俄罗斯传统木构建筑中，除了造型古朴、庄重的教堂建筑外，还有一些灵秀、精致的小品建筑，体现了俄罗斯文化浪漫与热情的一面。这些小品建筑造型精美，装饰细腻，色彩丰富，仿佛来自超然的童话世界，令人心旷神怡。

▲ 中东铁路木构建筑

▲ 1906 年建立的奥柯萨柯夫斯卡娅学校

修筑中东铁路期间，产生了一大批具有统一形制的，经过标准化设计和模件化生产，可以快速建成的俄式建筑。一般多见于站房、水塔、库房，以及中东铁路沿线的大量住宅及各类附属用房。这类建筑外观简洁，一般采用砖木结构，用毛石作为房屋地基，并采用砖砌墙体、木楼板和铁皮屋盖，具有良好的保暖性和采光性。建筑多采用双坡屋顶，在山墙面上砌筑叠落式的装饰造型，墙面转角装有护角石，在门额、窗额、墙体、线角、檐口等处有丰富的装饰细节，色彩明快亮丽。建筑的整体设计能很好地兼顾功能与审美。一般被称为“黄房子”，也被称为“铁路房”。

另外，这一时期的工厂建筑以大跨度的钢结构或木结构、砖石墙、扶壁柱，以及山墙面上砌筑的叠落式装饰造型为主要特征。

▼ 外阿穆尔军区司令部大楼（今黑龙江省中医医院）

▼ 中东铁路哈尔滨总工厂车间

▼ 花园街历史文化街区中的原中东铁路职工住宅

圣尼古拉大教堂

圣尼古拉大教堂又称“中央寺院”，俗称“喇嘛台”，于1900年建成于秦家岗中心的广场上，由俄国建筑师鲍达耶夫斯基设计。这座教堂是典型的井干式木构建筑，带有浓厚的俄罗斯传统木构建筑色彩。

建筑主体的空间构成是对称的集中式十字形，即“希腊十字”，在此基础上，又增加了一些较为低矮的附属结构，最终在平面上形成了八角形的布局。教堂的东侧设有神坛，西侧为主入口，主入口前方留有宽敞的广场空间。教堂外墙使用木刻楞，整体的木构架体系采用榫卯结构，中央巨大、高耸的帐篷顶统领整个建筑，入口上方设有陡坡式钟塔，其上有三个洋葱头式的穹顶，饱满圆润，形态优美。

该建筑于1966年被拆毁。2009年在伏尔加庄园复建。

▼ 圣尼古拉大教堂

▼ 圣尼古拉大教堂

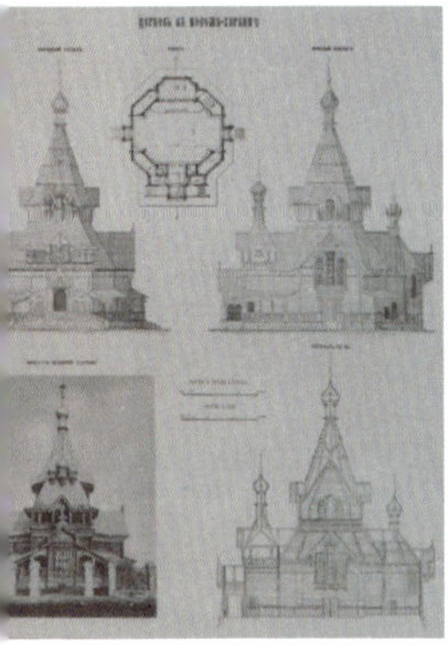

▲ 圣尼古拉大教堂平、立、剖面图

▲ 复建后的圣尼古拉教堂

斯大林公园是位于松花江南岸的一个条带状的开放式公园，是哈尔滨市民夏季避暑、冬季赏雪的好地方。这里最早是中东铁路货运码头，1938 年在此处修建了江畔公园，1954 年以后，又扩大了江畔公园的规模。

公园中还点缀着极具特色的几组俄罗斯风格的木构小品建筑，令人赏心悦目。这些不同时期建造的、由不同国家设计师设计的小品建筑，看起来轻盈精巧、灵动飘逸。点缀在江畔，犹如浪花里飞出的欢乐之歌。

哈尔滨铁路江上俱乐部（原哈尔滨游艇俱乐部）

哈尔滨铁路江上俱乐部位于斯大林公园内，原为哈尔滨游艇俱乐部，俗称“亚道古鲁布”（俄语“游艇俱乐部”的音译），是哈尔滨第一家游艇俱乐部，始建于 1912 年，在 20 世纪 20 年代后曾经历多次的改扩建，设计师为俄国建筑师米高扬夫斯基。这栋建筑是比较典型的俄罗斯传统木构建筑。1950 年后为哈尔滨铁路江上俱乐部。目前，是哈尔滨市第三批文物保护单位。

这栋建筑由主体餐厅、门廊和游廊三部分构成，整体设计采用游船造型，远远看去犹如漂浮在松花江上的一艘游轮。建筑底部的倾斜支撑将整个建筑悬于江面之上，造型精美的游廊让人犹如置身甲板之上。建筑入口及盔顶尖塔居于船头，好似整艘游船在乘风破浪。两层别致的建筑主体及塔楼，又似游艇上的舱室和桅杆。游艇俱乐部以其独特的游船造型和精美的建筑装饰细部，成为公园里一道亮丽的风景线。

▼ 游艇俱乐部主体餐厅的外廊

▼ 20 世纪初期第一代游艇俱乐部

► 游艇俱乐部游廊

▼ 20 世纪 50 年代哈尔滨铁路江上俱乐部鸟瞰

▼ 哈尔滨铁路江上俱乐部江景

江畔餐厅

江畔餐厅位于斯大林公园内，最初是中东铁路埠头火车站货场用房，建于 20 世纪 20 年代，整体为砖木结构，1938 年改建为小游艇俱乐部饭店，俗称“小亚道古鲁布”，改造设计师是大谷周造，改造后为俄罗斯传统木构建筑风格。20 世纪 50 年代，这里是国营江畔食堂，20 世纪 60 年代改为国营江畔餐厅。是哈尔滨市第三批文物保护单位。

江畔餐厅在改造时主要增加了船帆式的入口和面向松花江的敞廊两部分。改造后，这幢小品建筑加建的部分高出地面一米多，这样的设计为整座建筑增添了一种漂浮感。江畔餐厅也是一栋外形为船形的建筑，在细节构件上采用很多与游船相关联的元素，比如船舵、船桨、船帆等。敞廊最特别的地方是采用了竹节式廊柱、水纹箍头和鱼叉式柱头，造型十分独特别致，即使在整个哈尔滨，这样优雅且别具匠心的设计装饰也是很少见的。

▼ 1920 年改造前的货站仓库

▼ 1938 年改造为小游艇俱乐部饭店

▼ 1938 年小游艇俱乐部饭店沿江外廊

▼ 江畔食堂

▼ 江畔餐厅沿江一侧

▲ 江畔餐厅主入口一侧夜景

▼ 江畔餐厅沿江一侧夜景

公园饭店

公园饭店位于斯大林公园内，建于1938年。曾名“坎卡德”，是观光亭的意思。设计师是大谷周造，由纪子雍工务店施工。建筑为木结构，属于俄罗斯传统木构建筑风格。20世纪50年代是松花江冷食店，20世纪80年代为斯大林公园第二餐厅。是哈尔滨市第三批文物保护单位。

公园饭店与江畔餐厅有很多相似之处，比如二者都加建了东侧门廊和临江的敞廊。不同之处在于，公园饭店的主体屋顶是陡峭的俄式折面式双坡顶，与双坡顶呈十字交叉的屋顶则采用了平缓的歇山顶，这是一种中西结合的建筑形式。公园饭店最特别的地方是敞廊的柱子——采用多棱形立柱和孔雀开屏式的柱头造型，整体形态极为精美。

▼ 公园饭店全景

▼ 1938 年建成的公园饭店全景

▲ 公园饭店旧影

▲ 多棱形立柱和孔雀开屏式的柱头

▲ 公园饭店沿江一侧

尚志大街 128-1 号（原永安文化用品商店）

尚志大街 128-1 号最早为永发通商号，建于 20 世纪 20 年代。建筑为木结构，属于俄罗斯传统木构建筑风格。20 世纪 30 年代，东顺昌杂货商店，在这里开办。1947 年，永安商店迁到此处，并更名为永安文化用品商店，一直在此营业至 21 世纪初期。

这是一栋典型的“板夹泥”结构的俄罗斯传统建筑。“板夹泥”是中东铁路建筑常用的一种建筑方式，该建筑在外墙又加装了一层木板，因此，就形成了俄罗斯传统木构风格的建筑。建筑规模不大，建筑转角处的小洋葱头穹顶、建筑外立面的木构装饰，以及雕饰精美的檐线，使得这座小房子的造型格外精巧生动。

▼ 20 世纪 30 年代东顺昌杂货商店门市

▼ 1932 年水灾时的东顺昌杂货商店门市

▼ 永安文化用品商店

哈尔滨医科大学附属第四医院门诊部（原中东铁路中央医院药局兼药剂师住宅）

哈尔滨医科大学附属第四医院门诊部位于南岗区颐园街37号。原为中东铁路中央医院药局兼药剂师住宅，建于1900年，设计师是阿·克·列夫捷耶夫。建筑为砖木结构，是哈尔滨现存最早的中东铁路时期建筑。

这栋建筑包括三个不同类型的空间：左侧是一个三开间的二层楼，建筑平面为矩形，简洁规整；中间是凸出屋顶的楼梯间；右侧是一层低矮的辅助用房，与前两个空间明显不同，一般有特殊用途。从整体上看，这三个空间中间高而两侧低，体现了一种建筑空间安排上的平衡美学。这种建筑类型多见于中东铁路站房，该住宅也采用了该建筑类型。该建筑后经改扩建，右侧部分加建为二层。

▼ 落成不久的中东铁路中央医院药局兼药剂师住宅

▼ 中东铁路中央医院药局兼药剂师住宅平、立、剖面图

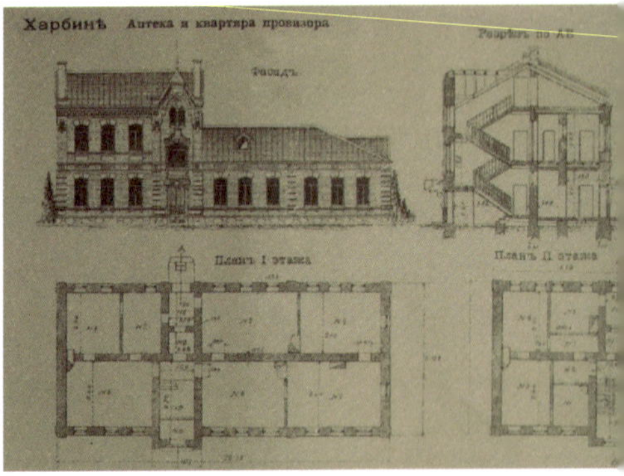

▼ 改造前的建筑立面

▼ 哈尔滨医科大学附属第四医院门诊部

中东铁路职工住宅建筑群

中东铁路职工住宅建筑群现主要位于南岗区西大直街、花园街、海关街、耀景街、木介街合围的区域内，建于 20 世纪初。建筑为砖木结构，属于中东铁路建筑风格。俗称“黄房子”。

中东铁路建设初期的铁路职工住宅一般有独立式、组合式和别墅式三种类型。建筑一般采用双坡顶，屋顶材质一般是铁皮、红瓦或者灰瓦，墙面多为黄色抹灰或清水砖墙，建筑平面一般为矩形，简洁规整。建筑入口处一般设有门斗，室内则明显区分主要空间和次要空间，各个空间排列有序：客厅和卧室设置在主要空间，厨房等设置在次要空间，另外，室内还会设置取暖用的壁炉。建筑主体一般附带功能性空间，比如凉亭、阳光房、浴室等，阳光房和浴室一般设置在主要空间一侧外。值得一提的是，中东铁路建设初期，铁路职工住宅多为清水砖墙、瓦屋顶的建筑，之后为适应北方的寒冷气候，这类建筑逐渐改为抹灰墙体和铁皮屋顶。

▶ 中东铁路职工住宅

▶ 带阳光房、浴室的中东铁路职工住宅

波特曼西餐厅（原中东铁路高级职员住宅）

波特曼西餐厅位于今南岗区西大直街 12 号，原为中东铁路高级职员住宅，建于 1903 年。建筑为砖木结构。20 世纪初期，此处为中东铁路管理局副局长希尔科夫的住宅，20 世纪 50 年代为哈尔滨铁路局大直街幼儿园，2000 年后改为波特曼西餐厅。

中东铁路建设初期，很多铁路职工住宅采用清水砖墙、瓦屋顶的建筑形式，而高级职工住宅和一些重要的建筑，清水砖墙的砌筑方式和工艺会更加讲究，墙面装饰感很强。例如这栋建筑，建筑立面采用清水砖砌筑，使建筑更具立体感和层次感，凸出部分如立柱、女儿墙、烟囱及檐线等处采用红砖砌筑，凹进部分则采用青砖砌筑，通过合理的配色实现丰富的色彩变化，增加建筑的艺术美感。

▼ 波特曼西餐厅

▼ 波特曼西餐厅

▼ 波特曼西餐厅局部

中东铁路哈尔滨总工厂——车轮车间、烟囱、水塔

于 1898 年开办的中东铁路哈尔滨临时总工厂也被称为北厂，它和于 1903 年以圣彼得堡图纸为蓝图开始建设，1907 年建设完成的中东铁路哈尔滨总工厂南厂，共同构成了体系完整的中东铁路工业建筑群，是一笔丰厚的工业建筑遗产。

▼ 中东铁路哈尔滨总工厂厂区

▼ 中东铁路哈尔滨总工厂车间室内

▼ 中东铁路哈尔滨总工厂库房区用房

▼ 中东铁路哈尔滨总工厂库房区用房

总工厂建筑群不仅有清水红砖墙、毛石基础、山墙面上砌筑的叠落式装饰造型，更有多种形式的金属桁架结构体系，集艺术性与技术性于一体。中东铁路建设时期，普通的建筑一般采用砖木结构，空间跨度稍大一些的建筑，如工厂类建筑，一般采用金属梁架结构，而总工厂的工业建筑则大多采用当时最先进的金属桁架结构体系，具有丰富的屋架形制，创造出跨度大且高效的结构类型，包括豪式屋架、芬克式屋架、复合式屋架

▼ 豪式屋架

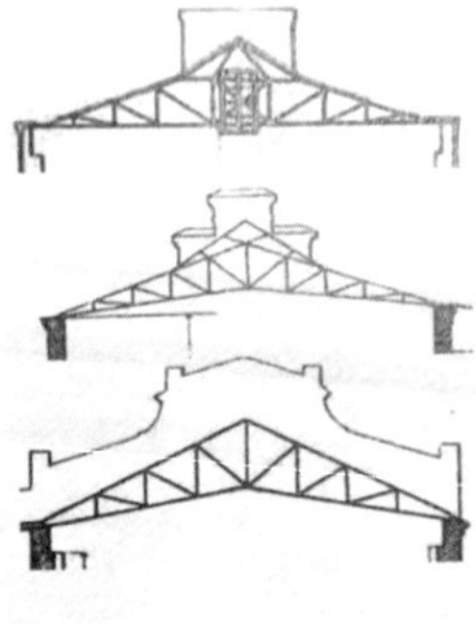

▼ 芬克式屋架

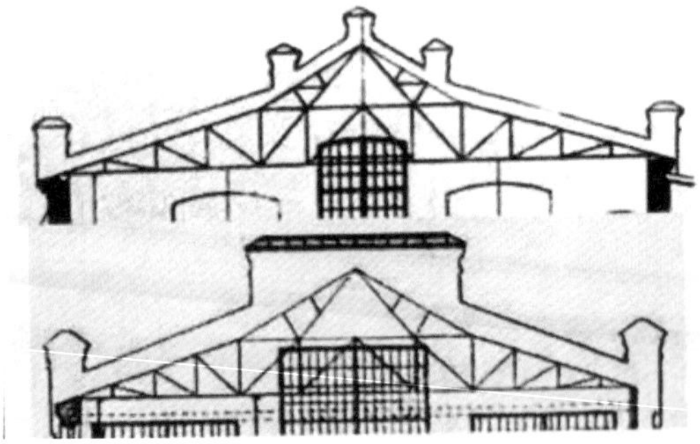

▼ 复合式屋架

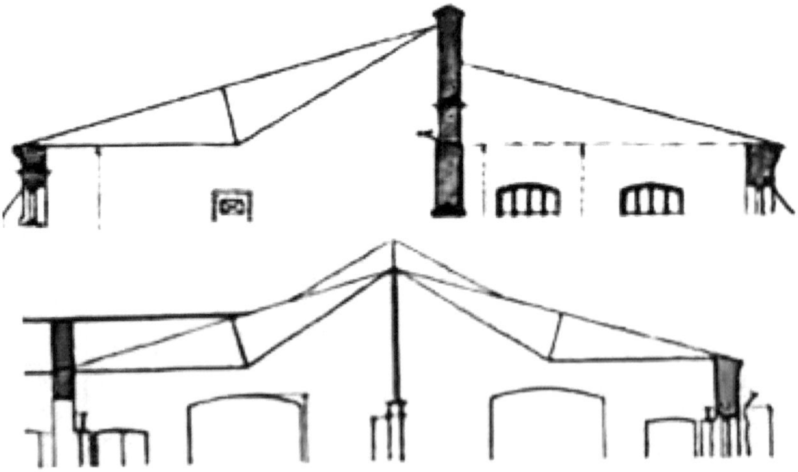

▼ 直角三角形屋架

和直角三角形屋架等等。从跨度上来看，屋架有单跨、双跨、三跨、多跨等，种类十分丰富。

总工厂的车轮车间、烟囱、水塔建于 1903 年，主要用于锻造车轮，建筑为混合式结构，即砖墙承重和钢屋架结构，是中东铁路建筑风格中工厂建筑常用的建筑形式。

1953 年该厂改为铁道部哈尔滨机车车辆修理工厂，2002 年厂址迁移，原址兴建爱建社区。仅保留原中东铁路哈尔滨总工厂的车轮车间、烟囱和水塔。

▼ 中东铁路哈尔滨总工厂车辆组装厂

▼ 中东铁路哈尔滨总工厂电灯厂

▼ 中东铁路哈尔滨总工厂车轮车间、烟囱和水塔旧影

▼ 中东铁路哈尔滨总工厂车轮车间、烟囱和水塔现状

拜占庭建筑风格

拜占庭建筑风格是公元 4 世纪至 15 世纪东罗马帝国（拜占庭帝国）及其文化圈所形成的建筑体系。这一风格以君士坦丁堡（现伊斯坦布尔）为中心，向外辐射至东欧、巴尔干半岛等地，最终成为东正教建筑的母本，并深刻影响了周边地区。

拜占庭建筑的主要特征是建筑平面呈集中式布局，通常采用对称式布局，如圆形、八角形等，中央空间设置圆顶结构，由“帆拱”支撑。“帆拱”是将穹顶架设于方形平面上的一种结构。

随着中东铁路的修筑，俄国人首先将具有拜占庭建筑风格的教堂建筑（主要是东正教堂）引入哈尔滨。这类建筑的突出特征是顶部有巨大的拱形穹顶，再由“帆拱”提供结构性支撑。哈尔滨现存的拜占庭建筑穹顶主要呈现三种形式：“战盔”穹顶、带“帆拱”的半圆形穹顶以及洋葱头式穹顶。

▼ 圣索菲亚教堂

▼ 圣母报喜教堂立面图

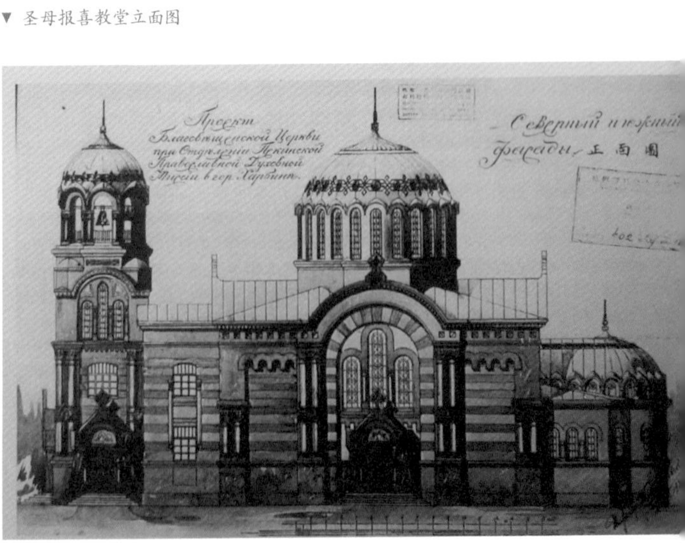

▲ 圣伊维尔教堂

▲ 圣母帡幪教堂

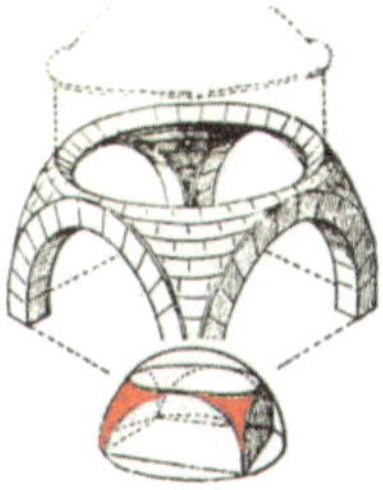

▲ 拜占庭建筑"帆拱"结构示意图

▲ 阿列克谢耶夫教堂

圣索菲亚教堂

圣索菲亚教堂位于今道里区透笼街 95 号。前身为俄国东西伯利亚第四步兵师随军教堂。1907 年，修建了全木结构的第一代圣索菲亚教堂，之后改造成砖木结构。随着俄侨东正教徒数量的增加，于 1923 年在地段东侧开始修建新的圣索菲亚教堂，于 1932 年落成。曾经新、老教堂共处一地，相映成辉。设计师是米·马·奥斯科尔科夫。建筑整体为砖木结构。1997 年后曾为哈尔滨建筑艺术馆。是第四批全国重点文物保护单位，国家 AAAA 级旅游景区，也是哈尔滨旅游胜地之一。

▲ 20 世纪 20 年代末老圣索菲亚教堂旁新圣索菲亚教堂正在兴建

▲ 圣索菲亚教堂旧影

圣索菲亚教堂是具有俄罗斯建筑风格特征的典型拜占庭建筑，采用集中式的平面布局，沿西侧入口方向拉长平面，呈现巴西利卡式空间，中央穹顶采用“帆拱”结构，支撑穹顶的鼓座通过从方形渐变为八边形、十六边形的几何过渡，最终形成圆形洋葱头式的穹顶。穹顶以约 54 米的高度统领整个建筑，四周环簇帐篷尖顶，形成错落有致的壮观天际线。建筑的内部空间非常宽敞，墙面有大量壁画，营造了一种神秘的氛围。

▼ 圣索菲亚教堂东侧

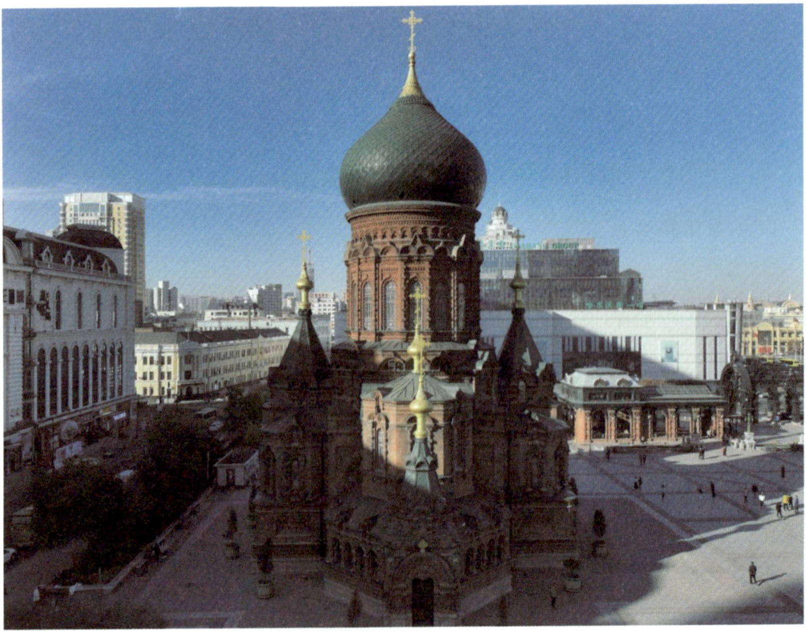

▲ 圣索菲亚教堂立面设计图

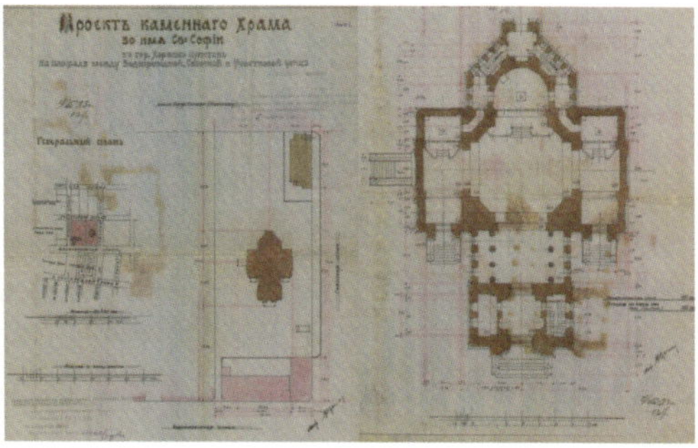

▲ 圣索菲亚教堂平面设计图

▲ 圣索菲亚教堂室内

▲ 圣索菲亚教堂室内

圣索菲亚教堂广场的系统性改造是从 1997 年开始的，拆除了教堂周边的违章建筑，并且在教堂前方开辟出广场空间。2006 年，圣索菲亚教堂广场进行了全方位的综合升级改造，涵盖了教堂本体的修缮、周边建筑的升级改造、广场扩建，以及景观环境的提升。改造方案秉持欧洲传统的城市广场设计理念，将圣索菲亚教堂广场打造为围合式的城市公共空间，构建具有北国特色与欧陆风情的“城市客厅”。新建的钢构塔廊和艺术砖廊一方面延续了历史文脉，另一方面有效整合了地下商业出入口。改造后的圣索菲亚教堂广场将集会空间、商业空间与景观空间融为一体，不仅是展现欧陆风情的历史地标，更发展成为集文化体验、旅游观光、时尚打卡于一体的城市复合空间。

▼ 20 世纪初期老圣索菲亚教堂前的城市花园广场

▼ 新老圣索菲亚教堂共处一地

▼ 圣索菲亚教堂全景鸟瞰

圣伊维尔教堂

圣伊维尔教堂位于今哈尔滨火车站北广场，原为俄国外阿穆尔军区独立边防团的随军教堂，建于1908年。设计师是康·赫·杰尼索夫，建筑为砖混结构。2017年曾对教堂进行修复。是哈尔滨市第三批文物保护单位。

▼ 圣伊维尔教堂

▼ 圣伊维尔教堂鸟瞰

圣伊维尔教堂是一座具有拜占庭风格的东正教堂，平面呈希腊十字集中式布局。主入口位于西侧，教堂大厅为方形鼓座，上方托起大洋葱头式穹顶，成为整个建筑的中心，四个小洋葱头式穹顶环绕周围，钟楼上方和祭坛上各有一个较小的洋葱头式穹顶。

教堂建筑主体有精美的护脚石，檐口有连续的拱形装饰，在钟塔顶部有半圆形的逐层退台造型，也称叠涩塔，同时在建筑的一层有包裹式的附属祭祀堂。这种空间造型组合使得整个建筑呈现错落有致的视觉效果。

▼ 20世纪30年代的圣伊维尔教堂

▼ 20世纪30年代的圣伊维尔教堂

教堂门窗为三心拱券式，线条流畅自然，装饰精美。教堂内部宽敞明亮，设有主次三个祭坛，内部壁画以宗教和战争为题材，极为精美。

▼ 圣伊维尔教堂室内

▼ 圣伊维尔教堂穹顶壁画局部

▼ 圣伊维尔教堂室内精美的壁画

圣母帡幪教堂

圣母帡幪教堂位于今南岗区东大直街 268 号，原为新市街的俄侨墓地教堂，又称圣母守护教堂、乌克兰教堂，于 1930 年建成，设计师是俄国建筑师尤·彼·日丹诺夫。建筑为砖木结构。1956 年后为中华东正教会哈尔滨教会教堂。是黑龙江省第一批省级文物保护单位。

教堂建筑风格借鉴了典型的希腊式拜占庭风格。建筑平面采用希腊十字集中式布局，砖石结构的墙体显得雄伟厚重。中央巨大的半圆形主穹顶下方是十二扇精美的拱形采光窗，窗棂巧妙地构成十字架的图案，大穹顶周围另有四个半圆形小穹顶形成拱卫之势。最初墙体上深浅相间的横向分格带使教堂的整体造型显得精致而统一。

▼ 圣母帡幪教堂

▼ 圣母帡幪教堂细部

哈尔滨圣母无染原罪天主教堂（原东正教圣阿列克谢耶夫教堂）

哈尔滨圣母无染原罪天主教堂位于今南岗区士课街 47 号，原为东正教圣阿列克谢耶夫教堂，1912 年从阿列克谢耶夫村迁过来木质教堂。1930 年在旧教堂旁兴建新教堂，于 1935 年竣工。设计师是尤·夫·斯米尔诺夫和叶·阿·乌拉索维茨，结构师是鲍·马·图斯塔诺夫斯基，项目负责人是工程师姆·夫·卡尔贝舍夫。教堂为砖石结构。新旧两个教堂曾经同时存在。1980 年 12 月，教堂改为哈尔滨圣母无染原罪天主教堂（哈尔滨天主教堂）。是黑龙江省第三批省级文物保护单位。

▼ 哈尔滨圣母无染原罪天主教堂

▼ 东正教圣阿列克谢耶夫教堂：新老教堂共处一地

东正教圣阿列克谢耶夫教堂是融合俄罗斯风格特征的拜占庭建筑，其标志性的帐篷顶式塔楼巍峨耸立。建筑主体采用方形的空间造型，内部的拱顶创新性地运用钢筋混凝土结构，这在哈尔滨的教堂建筑中独树一帜。该结构由图斯塔诺夫斯基设计完成，他曾为圣母报喜教堂设计过类似结构。这座教堂的特别之处还体现在其复杂的空间构成上：建筑平面呈拉丁十字形，设有三个祭堂及附属建筑。教堂外形展现巴洛克装饰风格，红砖墙上的装饰层次丰富——入口上方巨大的十字形窗、墙面上的三联拱窗、火焰式檐口与繁复的腰线错落交织，形成了丰富的立面造型。

▼ 圣阿列克谢耶夫教堂内部

▼ 圣阿列克谢耶夫教堂内部

▲ 圣母无染原罪天主教堂细部

▼ 圣母无染原罪天主教堂细部

哥特式建筑风格

哥特式建筑发源于法国，13 世纪至 15 世纪风靡欧洲。哥特式建筑风格多见于天主教堂体系，同时也深刻影响了世俗建筑的建造。哥特式建筑一般有以下的典型特征：首先映入眼帘的便是那高耸的尖塔，建筑平面一般采用拉丁十字形，通过在十字交叉处设置高塔或在建筑入口的两侧设置高塔，给人一种无限上升的建筑整体形象。其次，哥特式建筑的结构体系极为特别，由簇柱、肋拱式尖塔构成主体骨架，两侧厅通过柱墩上的拱券和中厅连接，形成飞扶壁，平衡中厅的侧推力，增加建筑整体稳定性。在这样的设计下，墙体不承担结构荷载，因此建筑可以大量采用彩色玫瑰窗，光线经彩色滤光形成的迷离光影极大增强了宗教空间的神秘氛围。

哥特式建筑风格在哈尔滨主要体现在教堂建筑上。

▼ 建于 1906 年的波兰天主教圣斯坦尼斯拉夫教堂

▲ 建于 1908 年的呼兰天主教堂

▲ 建于 1916 年的德国路德会教堂

▲ 建于 1922 年的波兰天主教圣约瑟夫教堂

▲ 位于阿什河街的哥特式建筑

呼兰天主教堂

呼兰天主教堂位于今呼兰区东府路，建于 1908 年，由法国传教士戴治逵主持修建，建筑为砖木结构。是黑龙江省第四批省级文物保护单位。

呼兰天主教堂的主体建筑采用双塔造型，高 35 米，东西长 18.3 米，南北宽 23 米。青砖外墙的哥特式主体立面上融合罗马式开窗形式，风格别具特色。室内肋拱穹顶大厅宽敞明亮。教堂外观与法国巴黎圣母院相似，因此也被称为“东方巴黎圣母院”。教堂两侧各有一座祈祷亭（圣母亭和耶稣亭），主体建筑西侧有一座巴洛克风格的牧师楼。

▼ 呼兰天主教堂

▼ 呼兰天主教堂和牧师楼

▼ 呼兰天主教堂主立面

▼ 呼兰天主教堂细部

▼ 呼兰天主教堂室内

▼ 呼兰天主教堂室内

波兰天主教圣斯坦尼斯拉夫教堂

波兰天主教圣斯坦尼斯拉夫教堂，始建于1906年，1907年落成，设计者是波兰人尼古拉·卡兹·基列。教堂为砖石结构。拆除后现址建哈尔滨耶稣圣心主教座堂，位于今南岗区东大直街211号。

圣斯坦尼斯拉夫教堂的单塔式钟楼位于建筑前部，钟楼和屋顶的四周竖有多个带小型十字架的尖塔。主堂面积为500平方米，内部装饰十分华丽。二楼为唱诗班留足空间，并备有管风琴，是典型的厅堂式天主教堂。这座建筑不仅是宗教场所，还附设波兰中学、波兰侨民宿舍等，是当时波兰人在哈尔滨的重要文化中心。

► 圣斯坦尼斯拉夫教堂

▼ 圣斯坦尼斯拉夫教堂

▼ 哈尔滨耶稣圣心主教座堂

教堂采用双坡式钟楼与大堂结合的形式，体现了早期哥特式天主教堂的特征，突出强化了教堂钟楼在造型上的高耸，与祈祷空间的宽敞形成对比。1966年钟楼被拆，2004年在原址新建双塔式天主教堂，塔高51.6米。改建后的耶稣圣心主教座堂则采用了后期哥特式天主教堂的经典双塔形制，延续了该建筑的历史文脉。

哈尔滨基督教会南岗教堂（原德国路德会教堂）

哈尔滨基督教会南岗教堂位于今南岗区东大直街 252 号，原为德国路德会教堂，建于 1916 年，又称尼埃拉依教堂，设计师是尼·谢·涅斯捷罗夫，建筑为砖木结构。是哈尔滨市第三批文物保护单位。

该教堂是具有北欧简约风格的哥特式建筑，保留了这种建筑风格的核心元素：尖顶塔楼、扶壁柱以及彩色玻璃窗等。教堂外观朴实无华，外墙雕饰极少，仅在入口处突出了尖拱屋顶的造型。屋顶采用铁皮覆盖以减轻重量。厚实的墙体由叠落式扶壁柱支撑，窗洞设计简洁，没有过多的线脚。建筑内部空间宽敞明亮，造型和装饰都较为简约。这种兼具功能性与实用性的建筑形式，充分适应了哈尔滨严寒的气候特点。

▼ 哈尔滨基督教会南岗教堂

▼ 德国路德会教堂

▼ 教堂室内现状

古典主义建筑风格

欧洲的建筑体系深深根植于古希腊、古罗马的古典建筑传统。凡是以古希腊、古罗马建筑为源头的古典建筑式样，都可纳入古典主义建筑风格的范畴。

古典主义建筑风格主要表现为建筑构造遵循理性原则，一般采用集中式布局，注重主次分明与轴线对称，建筑的整体造型呈现稳重、端庄的特征。建筑的外部形态主要通过欧洲古典柱式、穹顶拱券及三段式构图等元素体现。具体而言，古希腊古典主义建筑以带有山花装饰的柱廊为核心特征，古罗马古典主义建筑则通过穹顶结构或拱廊形式彰显特色。这些元素共同构成了古典主义建筑的美学基础。在立面处理上，很多古典主义建筑采用三段式的设计，同时强调比例关系在建筑造型中的决定性作用。基于其庄重的审美特质，古典主义建筑风格常被用于政府机构、金融机构等大型公共建筑，部分高级住宅也会采用此种风格。

哈尔滨开埠后，大型公共建筑（尤其是金融类的公共建筑）多采用古典主义建筑风格。在此后的不同发展时期，古典主义建筑风格持续反复出现，展现出强大的生命力。

▼ 东省特别区图书馆（今东北烈士纪念馆）

▼ 横滨正金银行

▲ 横滨正金银行（今黑龙江省美术馆）

▲ 颐园街 1 号（原葛瓦里斯基私人住宅）

▲ 雅古诺夫大楼（今建设街 142 号）

▲ 捷克斯洛伐克驻哈尔滨领事馆（今吉林街 52 号）

东北烈士纪念馆（原东省特别区图书馆）

东北烈士纪念馆位于南岗区一曼街 241 号，始建于 1928 年，原为东省特别区图书馆而建。建筑于 1931 年竣工，设计师是尤·彼·日丹诺夫。建筑为砖木结构，是具有古典主义特征的建筑。1932 年哈尔滨沦陷后，伪哈尔滨市政筹备所在此成立，1933 年为伪哈尔滨特别市警察厅，1937 年为伪哈尔滨市警察厅，1948 年东北烈士纪念馆在此开馆。是第七批全国重点文物保护单位。

东省特别区期间，哈尔滨兴建了一批大型公共建筑，其中最具代表性的建筑当属东省特别区图书馆。这栋建筑最大的特点是采用古典主义建筑风格，其风格特征尤为显著。建筑入口处有高大的山花和巨型柱廊，这种复兴古希腊柱廊式样的设计在哈尔滨虽也有其他案例，但是这栋建筑堪称典范。建筑采用方形体量，造型敦实厚重，侧墙通过两个突出的双柱造型以及立面上文艺复兴风格的帕拉迪奥母题（一种将圆拱与柱式结合的构图方式：中央为高大的拱券形窗，两侧为柱式分格的长条形窗和圆窗）的设计手法，既丰富了建筑的立面层次，又强化了建筑入口的恢宏气势。

▲ 1931 年落成后的东省特别区图书馆

▲ 东北烈士纪念馆

▼ 东北烈士纪念馆

工商银行哈尔滨田地支行（原伪满洲中央银行哈尔滨支行）

工商银行哈尔滨田地支行位于道里区田地街 113 号，原为伪满洲中央银行哈尔滨支行，建于 1935 年，由日本福昌公司哈尔滨出张所设计施工。建筑为砖混结构，是哈尔滨市第三批文物保护单位。

这栋建筑的入口是由十根多立克柱构成的门廊，柱子粗壮敦实，既可以彰显金融类建筑特有的厚重与坚固，亦通过柱式语言昭示银行总部的权威等级。建筑内部采用两层通高设计的中央大厅，以钢梁结构与整体现浇混凝土结构构成主题框架，面积约两千平方米的营业大厅散发着庄重奢华的氛围。建筑外墙采用花岗岩饰面，内部为大理石石柱及铺装，整体呈现出典雅气派的建筑格调。

值得一提的是，这一时期的日本金融类建筑采用形制化设计，伪满洲中央银行哈尔滨支行以位于长春的伪满中央银行为设计蓝本，由日本建筑师西村好时主持设计。作为曾任日本第一银行建筑课长的资深设计师，西村好时善于将希腊古典风格与现代风格相融合。

▼ 银行内部的保险柜

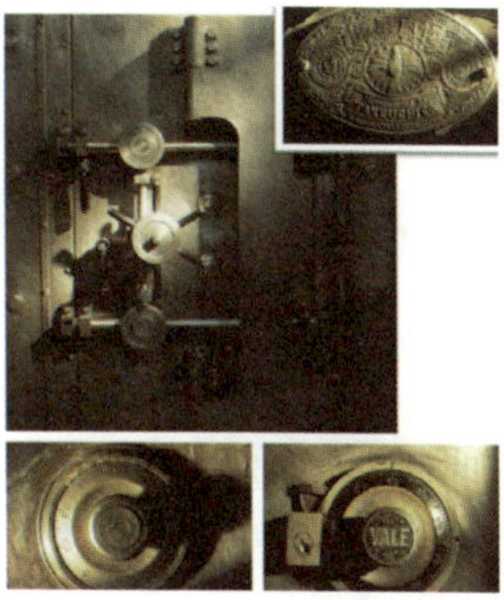

▼ 入口门廊细部

▼ 内部大理石石柱及铺装

▶ 伪满洲中央银行哈尔滨支行

建设街 142 号(原雅古诺夫大楼)

建设街 142 号建成于 1922 年，原为雅古诺夫大楼。建筑为砖木结构，设计师是格·格·多里安。雅古诺夫大楼是一所综合性大楼，有多家学校和商业入驻，1931 年著名的哈尔滨第一齿科学校迁入此处，1935 年作为哈尔滨铁道学院公寓，1980 年至 1998 年，哈尔滨铁路中级人民法院和检察院先后在此办公。2004 年加固、修缮。

该建筑共五层，平面呈 L 形，其转角为弧形。整体外观体量宏大，造型厚重，立面凹凸明显，具有典型三段式古典主义建筑特征。一层为拱形柱廊式基座层，墙面划分尺度巨大。二至四层设通高的带有收分的巨大爱奥尼壁柱，窗形变化丰富，与阳台呼应。四至五层之间的檐线出挑巨大，下设托檐石支撑，更显其雄浑宏大气质。顶层造型简单，女儿墙部分高起，形成凹凸变化。

▼ 建设街 142 号建筑现状

▲ 建筑细部

▲ 拱形阳台

颐园街 1 号（原葛瓦里斯基私人住宅）

颐园街 1 号原为波兰商人弗·费·葛瓦里斯基的私人住宅，于 1922 年建成，是意大利建筑师亚·亚·别尔纳达奇的设计作品。建筑是砖混结构，属于具有巴洛克风格的古典主义建筑风格。20 世纪 30 年代为南满铁路理事长公馆，1948 年 5 月，在此建筑内成立东北民主联军南岗干部子弟学校，1998 年为革命领袖视察黑龙江纪念馆。现为第四批全国重点文物保护单位。

▼ 葛瓦里斯基私宅远景

▼ 葛瓦里斯基私宅背立面

▲ 葛瓦里斯基私人住宅背立面

该建筑坐落于南岗核心地段，在建筑布局、造型设计、空间利用、内部装饰和庭院规划等方面，均体现出精妙的构思与独到的匠心。建筑由主楼、副楼及附属建筑构成，融合了一些巴洛克建筑风格特征。通高的科林

▼ 革命领袖视察黑龙江纪念馆

斯壁柱、法式孟莎屋顶、断砌檐口的山花等元素，共同营造了这栋建筑端庄典雅、恢宏气派的特质。建筑东侧特设的一个半圆形阳光大厅尤为珍贵，其上配以敞开式的观景阳台，此类设计在哈尔滨现存建筑中十分罕见。室内大厅采用全木装饰，雕梁画柱，富丽堂皇，完美诠释了顶级豪宅的奢华风范。作为哈尔滨欧式建筑的杰出代表，堪称古典主义建筑典范之作。

▼ 次入口

▼ 颐园街 1 号室内

▼ 半圆形阳光大厅

浪漫主义建筑风格

浪漫主义建筑风格起源丁欧洲，主要应用于城堡和庄园的建造，是一种兼具防御功能和居住功能的独特建筑形式。其典型特征为厚重的墙体、高耸的塔楼、复杂的结构，以及丰富的建筑造型。在中世纪欧洲社会，这类建筑常被视为贵族权力地位的象征。

哈尔滨的浪漫主义建筑在保留原有风格的基础上，又融入了多元文化元素，既展现出鲜明的地域特色，又散发着独特的异域风情。

▼ 马忠骏公馆（今和平邨宾馆贵宾楼）

▼ 瓦西里耶夫 - 邦达廖夫私宅（今红霞街 99 号）

▲ 中东铁路中央电话局（今哈尔滨医科大学附属第四医院院部）

▲ 玫瑰学校（今哈尔滨市教育局机关办公楼）

和平邨宾馆贵宾楼（原马忠骏公馆）

和平邨宾馆贵宾楼位于今中山路 171 号，原为马忠骏公馆，亦称马道台府，1914 年建成，设计师是格·格·多里安。建筑为砖木结构。1991 年后为和平邨宾馆贵宾楼。是哈尔滨市第三批文物保护单位。

马忠骏公馆是一座典型浪漫主义建筑。建筑的核心特征体现在转角塔楼的设计上：采用经典的悬空式的塔楼形制，远观庄严肃穆而不失神秘感。砖木结构确保了建筑的坚固耐用。建筑造型丰富：深红色的阁楼、孟莎式

◀ 和平邨宾馆贵宾楼

▼ 和平邨宾馆贵宾楼

屋顶和半圆形尖塔错落组合，勾勒出富有韵律的天际线与层次分明的立体形态。建筑的四个立面都经过精心设计且各具特色，尤其是建筑的南立面，做了叠台式处理，形成了丰富的空间层次。

在装饰艺术方面，建筑外立面遍布精美的雕花线脚，室内的木质旋转楼梯展现出精湛的工艺，门窗边框与墙角部位的雕花图案多取材自西方神话与藤蔓植物等要素，共同营造出粗犷质朴、神秘浪漫的整体氛围。

◀ 和平邨宾馆贵宾楼东立面

◀ 马忠骏公馆入口处

▲ 和平邨宾馆贵宾楼的室内旋转楼梯

▲ 和平邨宾馆贵宾楼的塔楼阳台

▲ 和平邨宾馆贵宾楼转角

哈尔滨医科大学附属第四医院院部（原中东铁路中央电话局）

哈尔滨医科大学附属第四医院院部位于今南岗区银行街 31 号，原为中东铁路中央电话局，建于 1907 年。建筑为砖木结构，1926 年后进行了两次扩建，扩建后属于浪漫主义和哥特式相融合的建筑风格。1928 年该建筑为哈尔滨电话总局，1933 年为伪满洲电信电话株式会社哈尔滨管理局，1938 年归于“满铁中心医院”，20 世纪 50 年代后为哈尔滨铁路中心医院门诊部。是哈尔滨市第三批文物保护建筑。

该建筑是由不同时期、不同风格的建筑组合而成的，墙体立面凹凸有致，屋顶轮廓高低错落，整体既似一座神秘的古堡，又充满童话般的浪漫气息。建筑中最早建成的带有尖顶圆塔的部分是典型的浪漫主义风格，厚重的墙体营造了稳固的造型，尖顶圆塔彰显了浪漫主义建筑的核心特色。建筑立面上，多样的开窗设计与外部檐口处新艺术运动风格的出挑装饰相映成趣，展现出古朴与浪漫的独特融合。

后期扩建部分则转向哥特式建筑语言，对称的双塔结构、连接双塔的新艺术运动风格的铁艺构件、错落的建筑形态、修长的尖券开窗方式，以及墙面镶嵌的陶瓷花砖浮雕和中东铁路路标（带翅膀的飞轮的简化图案），共同构建了浓郁的浪漫主义意象。值得注意的是，扩建部分虽然在窗型立面上与原始建筑之间存在差异，但是通过统一的装饰线脚进行了视觉衔接，实现了新旧建筑的和谐统一。

这种建筑演化过程形成了独特的美学对话：寨堡的坚实厚重与哥特式的神秘空灵相互交织，共同谱写出浪漫主义的童话篇章。

▼ 该建筑的三维模型

◀ 扩建前的中东铁路中央电话局

◀ 20 世纪 80 年代的建筑影像

▼ 建筑现状

▼ 建筑装饰细部

红霞街 99 号（原瓦西里耶夫 - 邦达廖夫私宅）

红霞街 99 号原为外侨瓦西里耶夫 - 邦达廖夫的私宅，建于 1919 年，1920 年落成，设计师是基普尼斯。建筑整体为砖混结构。20 世纪 30 年代，这里曾为伪第四军管区司令于琛澂的私邸；1949 年，在此处开办了苏联侨民幼儿园；1962 年后，该建筑随街道更名为哈尔滨市红霞幼儿园。是哈尔滨市第三批文物保护单位。

这栋建筑位于哥萨克街（今高谊街）与商市街（今红霞街）交会处，地处埠头区西侧的城市中心区，毗邻哈尔滨最早的自行车运动场所在地。该建筑在其所在的开放空间中占据主导地位，极具浪漫主义建筑风格特征。

该建筑采用集中布局方式，以中央大厅和塔楼圆厅为核心空间，其他的房间围合布置。平面布局严谨方正，立面造型错落有致、丰富多变。建筑细节处处彰显浪漫主义气息：入口处的希腊柱式门廊庄重典雅，南侧错落有致的露台层次分明，形式丰富的窗型设计与曲线窗棂巧妙可爱，穹顶上直指苍穹的堡垒式塔楼更显雄伟气势。整体建筑既保持着中世纪城堡的典雅神秘，又散发着童话般的梦幻气质，展现出独特的建筑艺术价值。

▼ 瓦西里耶夫 - 邦达廖夫私宅

▲ 塔楼圆厅

▲ 从鞑靼清真寺屋顶望向瓦西里耶夫-邦达廖夫私宅

哈尔滨市教育局机关办公楼（原玫瑰学校）

哈尔滨市教育局机关办公楼位于今道里区上游街 69 号，原为中东铁路松花江高等小学，建于 20 世纪 20 年代。建筑为砖木结构。1928 年，东省特别区苏联路员子弟第四中学在此成立，亦称“玫瑰学校”。1935 年学校关闭后又于 1945 年后恢复为苏联第四中学，1956 年为第七工读学校。现为哈尔滨市教育局，是哈尔滨市第三批文物保护单位。

这栋建筑是目前哈尔滨现存建筑体量最大的具有浪漫主义特征的建筑，其造型深受浪漫主义风格的影响，建筑特征尤为显著。建筑整体布局采用“山”字形古典对称式结构，展现出典雅庄重的建筑美学。浅粉色墙面上镶嵌着蓝绿相间的玻璃马赛克瓷砖装饰带，形成独特的视觉韵律。复合式

▼ 玫瑰学校

▲ 哈尔滨市教育局机关办公楼沿上游街立面

的红色屋顶采用火焰造型设计，起伏的轮廓线赋予建筑灵动秀美的气质。

建筑中央部分的二层设有五个半圆额式子母窗，各层窗型变化丰富，墙体线脚连续绵长，入口处的雨篷与屋顶均采用波浪形的尖券造型，形成上下呼应的视觉效果。侧翼的建筑由四棱锥屋顶及圆柱形塔楼构成，延续了浪漫主义建筑风格特征，墙面上的半圆形额式窗及玻璃马赛克瓷砖装饰带与主体建筑相呼应。总而言之，这是一栋布局规整、装饰风格多样、极具浪漫主义色彩的优雅建筑。

▼ 建筑侧立面

▼ 建筑转角

◀ 建筑细部

文艺复兴建筑风格

文艺复兴建筑风格是15至19世纪流行于欧洲的一种建筑风格，起源于意大利的佛罗伦萨。主要特征是复兴古希腊、古罗马时期的建筑形式，特别是古典柱式比例、半圆形拱券，以及以穹隆为中心的建筑形态。在造型上以人文主义精神为核心，强调古典美学的理性秩序，其设计原则为后世的现代主义建筑提供了诸多启发。

文艺复兴风格的建筑通常具有严谨的立面和平面构图，建筑一般采用对称式的结构，比例均匀，色彩素雅。这种建筑风格将古典主义的均衡、简约、严谨作为核心的设计原则，但也不拘泥于传统，常在设计手法上灵活多变并大胆创新。

哈尔滨的文艺复兴风格建筑并非对欧洲原型的简单复制，而是在城市独特发展历程中融合了多种建筑风格与艺术美学，形成了别具一格的文艺复兴风格。其中有弱化穹顶统率作用的古典对称式建筑，如梅耶洛维奇大楼；有由古典符号元素组合而成的、造型丰富的非对称式建筑，如葡萄牙领事馆；有采用如墙面横向分隔带、曲线装饰线脚等美化方式增加建筑立面几何美感的建筑，如阿·列·奥昆大楼。

▼ 梅耶洛维奇大楼（今东大直街366号）

▲ 黑龙江省人民政府外事办公室（原日本驻哈尔滨总领事官邸）

▲ 中央大街73号（原阿·列·奥昆大楼）

东大直街366号（原梅耶洛维奇大楼）

东大直街366号原为梅耶洛维奇大楼，建成于1922年，设计师是尤·彼·日丹诺夫，建筑为砖木结构。建筑落成后俄侨开办的荷花艺术学校迁入三层办学，一楼曾为医院和药房。1949年以后曾为秋林公司职工俱乐部，后改为哈尔滨市少年宫。是第七批全国重点文物保护单位。

梅耶洛维奇大楼属于典型的文艺复兴建筑风格，采用双塔造型和中轴对称的布局，遵循古典立面划分方式。建筑主体通过半圆拱券、圆形穹顶、水平厚檐等经典元素，完整呈现了文艺复兴建筑风格特征。

面向圣尼古拉教堂广场一侧有一个转折体量，既形成与广场的视觉呼应关系，又展现出精巧的空间处理手法。同时，这栋建筑的细部处理尤为考究，采用了孟莎式屋顶，点缀以半圆形老虎窗，配合小巧的阳台和通透的女儿墙，这些灵动元素共同营造出轻盈浪漫的建筑氛围。设计师通过严谨的古典比例与生动的细部语言，实现了纪念性与生活感的完美平衡。

◀ 梅耶洛维奇大楼面向圣尼古拉教堂广场一侧远景

▲ 哈尔滨市少年宫

▲ 建筑转角

中央大街 73 号（原阿·列·奥昆大楼）

中央大街 73 号原为阿·列·奥昆大楼，建于 1917 年。初建成时，建筑为砖木结构。1921 年大修，设计师为佳弗利洛夫。20 世纪 20 年代，该建筑里曾开办协和银行、波隆斯基成衣店、斯托里亚尔帽子店。20 世纪 30 年代，捷克巴塔鞋店、日本明治制果哈尔滨卖店曾在楼里开办。1956 年后，为闻名全国的妇女儿童用品商店。现为道里金安国际购物广场 B 座，是第七批全国重点文物保护单位。

阿·列·奥昆大楼是一座占据整个街区的超大型公共建筑，造型典雅气派，建筑主体采用古典的柱式、半圆形拱窗、水平厚檐、透空的女儿墙等，充分彰显文艺复兴建筑风格的特点。

建筑临中央大街一侧的主入口上方设有巴洛克风格的巨大拱券，二层窗体两侧的爱奥尼柱和方壁柱共同承托拱形券额，与多层叠砌的檐口形成呼应，强化了主入口处的视觉效果。

建筑的特别之处在于两个转角穹顶的设计：突破了通常的半圆形罗马穹顶形制，采用扁圆形的盝形顶造型，赋予建筑灵动变化。同时，通过墙面上横向的腰线，实现了建筑整体的和谐与统一。

▼ 1932 年洪水中的中央大街（左侧第三栋为阿·列·奥昆大楼）

▲ 阿 · 列 · 奥昆大楼旧影

◀
该建筑曾为东北虎皮草行

▼ 金安国际购物广场 B 座

▼ 正入口上方建筑细节

黑龙江省人民政府外事办公室（原日本驻哈尔滨总领事官邸）

黑龙江省人民政府外事办公室位于南岗区果戈里大街292号，原为日本驻哈尔滨总领事官邸。砖木结构，建于1920年，设计师是尤·彼·口丹诺夫。1947年，此处为苏联高等音乐学校，1948年8月22日，中华全国总工会机关设在此处。1955年至1958年为苏联第二中学，1958年为黑龙江省人民政府外事办公室及对外友好协会。是哈尔滨市第三批文物保护单位。

建筑采用集中式平面，沿主街的立面为对称式布局。建筑造型有鲜明的文艺复兴风格特征，尤以复合式屋顶及装饰性强烈的墙面划分最为突出。这栋建筑位于坡地之上，设计者将建筑整体置于高台之上，巧妙地化解了坡度问题。主立面前方通过设置先分后合式的楼梯以及入口门廊，形成复合式的入口空间，彰显建筑的气派与豪华。主入口上方的二层采用壁柱与拱券结合的立面形式，屋顶则采用孟莎式屋顶。建筑的两翼部分比例严谨、简洁得体，以呼应中央体量。值得注意的是，建筑一侧的立面采用不对称式布局，入口处设置门廊，与中央带有小穹顶的单元造型共同统领建筑立面，为建筑注入灵动气息，实现庄严与生动的美学平衡。

▼ 日本驻哈尔滨总领事官邸

◀ 黑龙江省人民政府外事办公室及对外友好协会

▲ 建筑主立面

▲ 建筑侧立面

▲ 建筑鸟瞰

▲ 次入口

省直机关第二幼儿园（原葡萄牙领事馆）

省直机关第二幼儿园位于今南岗区阿什河街39号，原为犹太商人斯基德尔斯基家族住宅。砖木结构，建于1912年，设计师是尤·彼·日丹诺夫。该建筑1921年为葡萄牙驻哈尔滨领事馆；1923年，穆棱煤矿公司在此开办；1947年—1953年为东北鲁艺文工团三团所在地。是第七批全国重点文物保护单位。

该建筑的功能多样，空间造型复杂。设计师日丹诺夫善于将古典主义、文艺复兴和巴洛克风格运用到自己的设计中去，这栋建筑充分反映了这一特征。

这栋建筑给人的第一印象是非对称式布局，建筑高低错落，立面造型丰富。主体建筑入口西侧部分形象最为突出，两层通高的古典主义科林斯柱式、上部希腊式大山花，以及山花背后叠落式的女儿墙造型，共同营造出宏大的建筑气势。在主体建筑入口东侧，一层的圆形建筑造型上为罗马式的半圆形穹顶，赋予建筑优雅的视觉效果。

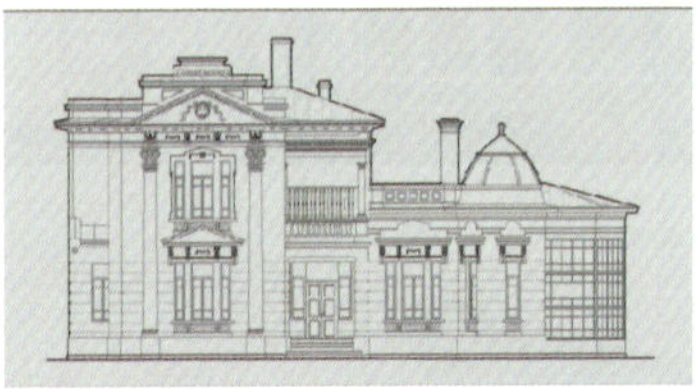

◀ 建筑侧立面

▼ 省直机关第二幼儿园

▼ 省直机关第二幼儿园入口

■ 巴洛克建筑风格

巴洛克建筑风格起源于17世纪的意大利、西班牙等地，后传遍欧洲，于20世纪初传入哈尔滨。该风格的设计理念强调动态表现和情感张力，通过大量运用曲线、椭圆形、旋涡形等元素，塑造富有动感的建筑轮廓，刻意营造视觉上的不稳定性。建筑造型以多变的形态和繁复夸张的装饰著称，借助起伏的墙面、突出的壁柱、精致的人像雕塑等设计手法，形成强烈的光影对比，强化建筑的立体效果。建筑的色彩丰富，对比强烈，追求奢华瑰丽的戏剧性效果，这种突破常规的美学理念为现代建筑的创新与多样性发展带来启发。

▼ 松浦洋行（今中央大街120—122号）

▼ 哈尔滨"日满文化协会"（今哈尔滨市群众艺术馆）

中央大街120—122号（原松浦洋行）

中央大街120—122号原为松浦洋行，于1920年建成。砖木结构，设计师是阿·阿·米亚斯科夫斯基。20世纪50年代后，先后为新华书店、外文书店、教育书店。是哈尔滨市第三批文物保护单位。

松浦洋行是中国大街的地标性建筑，地上有五层，平面呈L形布局，整体上给人一种高大宏伟的视觉印象。

作为典型的巴洛克风格建筑，松浦洋行在古典主义立面基础上融入了巴洛克式的设计元素。一层入口处有塔斯干双柱，二层有希腊神话中的擎天神加里亚切德和亚特拉斯的像柱作为装饰，三层阳台底部有弧形花萼状的装饰，四层有断山花作为点缀，五层转角处为半圆形穹顶与小洋葱头穹顶组合形成的复合式穹顶。这些装饰部件凹凸有致，变化丰富，充分彰显了巴洛克建筑的豪华与富丽。

值得一提的是，这栋建筑的立面划分颇具匠心。一、二层为基座层，三、四层的壁柱通高，同时，辅街一侧的端部单元突出墙面，五层是带老虎窗的孟莎式屋顶。这样的立面划分，使整个建筑的比例更为协调，赋予建筑整体以端庄典雅的恢宏气度。

▼ 教育书店

▼ 松浦洋行旧影

▼ 松浦洋行是当时中央大街上最高的建筑

▼ 松浦洋行一层入口

哈尔滨市群众艺术馆（原哈尔滨“日满文化协会”）

哈尔滨市群众艺术馆，位于今南岗区一曼街 247 号，原为哈尔滨“日满文化协会”。砖木结构，建于 20 世纪 30 年代，设计师是尤·彼·日丹诺夫。20 世纪 50 年代为哈尔滨市图书馆科技楼，20 世纪 80 年代后为市群众艺术馆。

建筑主体沿主街呈对称式布局，共两层。建筑立面采用通高的古希腊爱奥尼柱式，两层开窗分别为拱形窗和椭圆形窗；女儿墙饰以繁复精致的浮雕造型，尽显巴洛克建筑的华丽与气派。两侧的一层建筑通过中间过渡空间衔接建筑主体，过渡空间设有入口，入口上方饰以断山花造型。

与主立面的对称式布局不同，建筑的侧立面采用非对称式布局，建筑造型组合自由，高低错落，建筑形象灵活多变。

▼ 哈尔滨市群众艺术馆

▼ 建筑立面图

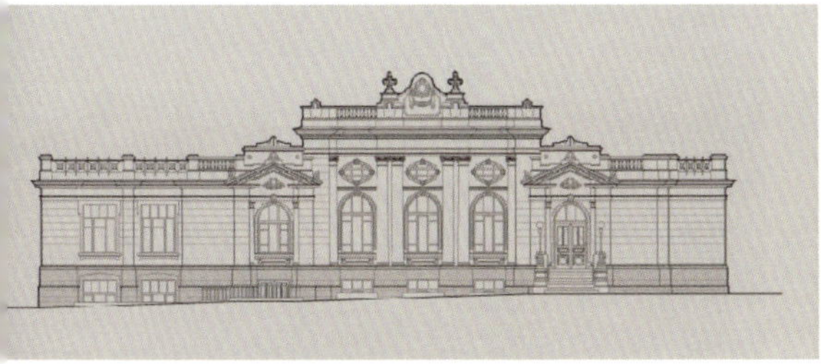

▼ 建筑三维模型

折中主义建筑风格

折中主义建筑风格，又称集仿主义，是19世纪上半叶至20世纪初流行于欧美的一种建筑风格。折中主义是指模仿多种建筑风格，并以不同方式将各种风格组合到同一建筑中，本质上具有复古主义特征。

折中主义突破了古典复兴与浪漫主义在建筑式样上的局限，主张组合和混搭各种建筑风格式样。折中主义风格的建筑虽然没有固定的样式，但十分注重建筑的形式美；整体仍属于复古主义的范畴。

哈尔滨的欧式建筑很多都属于折中主义风格，不同的建筑有不同的折中方式：或者是在一栋建筑上表达不同的建筑风格，或者是不同时期的建筑呈现不同的建筑风格。

▼ 20世纪初期契斯佳科夫大楼

▼ 中东铁路俱乐部（今哈尔滨铁路博物馆）

▼ 万国洋行（原斯捷潘诺夫环廊商场）

▼ 道里文化宫（原中东铁路哈尔滨总工厂俱乐部）

红军街 124 号（原契斯佳科夫茶庄）

红军街 124 号原为俄国茶商契斯佳科夫的住宅及茶庄大楼，建于 1912 年，设计师尤·彼·日丹诺夫，工程师格列勃维，砖木结构，是具有新艺术运动特征的折中主义建筑风格。

契斯佳科夫茶庄宅邸位于南岗区城市干道红军街（原车站街）的核心区段。远远看上去，这栋建筑的穹顶非常有特点，花瓣状虚实相间，很像圣彼得堡涅瓦大街上的圣彼得堡书店穹顶，格外引人注目。

这栋建筑是不同风格的建筑元素折中混搭在一起的典型代表。首先是在功能类型上的混搭，它是契斯佳科夫的私宅，也是契斯佳科夫茶庄的办公楼，而一层大橱窗式的开窗方式，更像是一栋商业综合楼。其次是这栋楼的空间构成上的混搭，包括由圆形的穹顶转角空间和后面方形的凉亭楼梯间构成的复合式转角空间，沿主街即车站街文艺复兴风格的大进深空间，以及沿辅街三横五纵式的古典主义风格的小进深空间。

契斯佳科夫茶庄宅邸最显著的特征是建筑风格的混搭：新艺术运动风格的穹顶、凉亭、塔楼、檐口柱托和阳台铁艺等，别致柔美；哥特式风格的尖塔和双心拱券门窗洞口，弥漫着中世纪浪漫气息；另外檐口和女儿墙的复杂造型及墙身的凹凸装饰，也显现出巴洛克建筑风格的特征。

这栋建筑整体上比例舒展，造型典雅，色彩搭配悦目，各种穹顶尖塔你呼我应，各类装饰相互映衬，将欧洲多种建筑风格集于一身，尽显复杂多元。

◀ 契斯佳科夫茶庄旧影

▼ 契斯佳科夫茶庄旧影

▲ 建筑细节

▲ 建筑侧立面

哈尔滨铁路博物馆（原中东铁路俱乐部）

哈尔滨铁路博物馆位于今南岗区西大直街 84 号，原中东铁路俱乐部。砖木结构，建于 1911 年，设计师是康·赫·杰尼索夫，属于具有文艺复兴特征的折中主义建筑风格，与中东铁路管理局大楼隔街相望。20 世纪 50 年代后为哈铁文化宫。是黑龙江省第六批省级文物保护单位。

中东铁路俱乐部是一组建筑群，包括沿大直街的两栋建筑、后花园、凉亭，以及露天剧场等部分。沿大直街的建筑主体中间凸出部分以四根爱奥尼式壁柱支撑造型复杂的檐口山花，而两侧女儿墙以曲线造型包裹檐口，呈现鲜明的新艺术运动风格特征。高大的女儿墙是这栋建筑立面造型的一大特征。

这栋建筑最初采用非对称式的布局，入口在右侧，建筑立面并不夸张。建筑左侧的扩建部分延续了主体建筑的风格，采用凸出式的入口设计。因此，沿大直街方向就形成了局部造型有差异、整体风格统一、富有韵律感的建筑立面。建筑群的后花园区域分布有俄式木构凉亭和贝壳状的露天月光舞台，其他附属建筑则自由布局。

从空间体量到风格选择，中东铁路俱乐部始终以配角的姿态凸显中东铁路管理局大楼的主体地位。这些建筑沿大直街以局部对称、整体不对称的自由组合方式延展，宛若城市中流淌的乐章。

▲ 中东铁路俱乐部鸟瞰

▲ 哈铁文化宫

▲ 中东铁路俱乐部后花园的凉亭

▲ 中东铁路俱乐部后花园的露天月光舞台

道里文化宫（原中东铁路哈尔滨总工厂俱乐部）

道里文化宫位于今道里区经纬街 281 号，原为中东铁路哈尔滨总工厂俱乐部。建筑为砖木结构，建于 1928 年。1953 年，改称哈尔滨车辆厂文化宫。是哈尔滨市第三批文物保护单位。

该建筑前身为建于 1901 年的总工厂读书阅报室，1928 年，按照大直街上的中东铁路俱乐部的样式扩建为现在的建筑规模。建筑沿主街呈非对称式布局，包括左、中、右三部分。其中，最左侧为一层的对称式单元，中间部分为两层的对称式单元，右侧为两层的非对称式单元。这三部分由饰有横向装饰带的一层建筑连成一体。其立面最具辨识度的特征在于女儿墙的形态设计——三个单元的墙檐通过错落的高度变化与丰富的轮廓造型，形成强烈的视觉韵律。

▼ 道里文化宫鸟瞰

▼ 道里文化宫沿经纬街街景

▼ 道里文化宫主立面

▼ 建筑细部

值得一提的是，这栋建筑有两个很有特色的设计细节：一个是剧场屋顶上的里拉琴雕塑，里拉琴的乐器形象是国际公认的乐徽符号；另一个是剧场内的旋转舞台，在国内，这样的剧场舞台设计极为罕见。

中东铁路哈尔滨总工厂俱乐部是哈尔滨最早的音乐演出场所之一，它见证了哈尔滨城市近代化的发展变迁，更承载着这座美丽城市的历史文化记忆。

▲ 建筑细部

▲ 道里文化宫屋顶的里拉琴雕塑

红军街 77 号（原华俄道胜银行哈尔滨分行）

红军街 77 号原为华俄道胜银行哈尔滨分行。砖木结构，建于 1902 年，属于具有文艺复兴特征的折中主义建筑风格。1927 年为滨江医学专门学校，1936 年为东省特别区图书馆分馆。现为黑龙江省人民政府参事室、省文史研究馆办公楼。

建筑采用方形平面布局，体型规整庄重，沿街呈凸形体量，上方采用方底穹顶统率整体建筑构图。入口位于两侧，外观以黄色和白色为主色调，色彩对比鲜明，精致典雅，给人以庄重而不失活泼的感觉。建筑地上两层，地下一层，建筑立面通过双壁柱、转角柱、穹顶以及檐口等元素的组合，空间层次丰富，立体感极强。

▼ 建成不久的华俄道胜银行大楼

▼ 华俄道胜银行旧影

▼ 车站街（今红军街）远景，右侧建筑为华俄道胜银行

哈尔滨科学宫(原商务俱乐部)

哈尔滨科学宫位于道里区上游街 23 号，原为商务俱乐部。建于 1903 年，原为一栋一层的砖木结构建筑，属于具有新艺术运动特征的折中主义建筑风格，后经历过改建和扩建。俄侨多家著名机构曾在此处办公，比如哈尔滨第一高等音乐学校、哈尔滨第一齿科学校、哈尔滨第一商务学校等。1945 年后为哈尔滨苏联侨民会,1963 年后为哈尔滨科学宫。

建筑立面为古典主义竖三段式结构，左翼比右翼多两个开间。两翼均用方窗，一层墙面水平分缝，二层窗上锁石两侧有舌形抹灰。窗间墙出抹灰壁柱，壁柱上方檐口起小弧和钮饰，钮饰下的柱顶有带凹槽的垂饰，壁柱下部用水平凹槽和舌形装饰。入口用扁椭圆的拱形大门，拱上用平缓的弧线与终端的两个小涡卷组合线脚，二层用半扁椭圆额三联窗，顶部女儿墙做檐上壁形式。造型端庄典雅，将哈尔滨新艺术符号融入了古典构图。

▼ 刚刚创办的哈尔滨商务俱乐部

▼ 商务俱乐部旧影

▼ 建筑现状

▲ 建筑立面图

▲ 1989 年哈尔滨科学宫

万国洋行（原斯捷潘诺夫环廊商场）

万国洋行位于今中央大街 126—132 号，原为斯捷潘诺夫环廊商场。建于 1922 年，1939 年时增建了第二层，设计师是斯捷潘诺夫 - 捷米多夫，原为砖木结构。这栋建筑是一般不可移动文物保护单位。

斯捷潘诺夫环廊商场最突出的特点是建筑主体后退，呈凹进式院落，是中央大街商业空间的延展。建筑落成时，是一个局部两层的建筑：一层为落地大橱窗，符合商业建筑的特征；二层设置了古典式栏杆围合的露天平台及开敞式的环廊。加建后，二层变为实体商用空间。凹进式院落尽端的建筑顶部采用文艺复兴风格的穹顶，上面标有“1922”字样，格外醒目。

在中央大街沿街的各式商业建筑中，这栋建筑以其凹进式的空间布局，形成了独具特色的景观。

▼ 改造前的斯捷潘诺夫环廊商场

▼ 改造后的斯捷潘诺夫环廊商场

红军街 108 号（原日本驻哈尔滨总领事馆）

红军街 108 号原为南满铁道株式会社哈尔滨事务所，砖木结构，建于 1926 年，设计师是尤·彼·日丹诺夫。建筑属于具有巴洛克特征的折中主义建筑风格。1936 年，日本驻哈尔滨总领事馆迁至此建筑内。20 世纪 50 年代后为哈尔滨铁路局公安处。现为哈尔滨铁路对外经贸有限公司，是哈尔滨市第三批文物保护单位。

建筑沿主街一侧采用非对称式的布局，右侧入口部分的建筑造型较为突出，入口空间由大拱窗、断山花、两侧通高的爱奥尼柱式以及后侧叠落式女儿墙共同组成，形成凹凸变化的建筑立面。左侧次入口的开间小，但形成三开间的组合式单元，与主入口形成平衡关系，次入口两侧设置通高壁柱，上方有断山花，起到突出入口的作用。中间的连接体采用方形壁柱与拱形窗，形成具有强烈韵律感的连续立面，整体造型简洁大气。

▼ 南满铁道株式会社哈尔滨事务所

兆麟小学（原日本居留民会附属小学）

兆麟小学位于今道里区地段街 198 号，原为日本居留民会附属小学。砖木结构，建于 1923 年，设计师是尤·彼·日丹诺夫，由日本桐田组负责施工，建筑属于具有文艺复兴特征的折中主义建筑风格。1936 年改为桃山寻常高等小学，1948 年改为兆麟小学，1989 年曾扩建。

建筑建于哈尔滨城市发展期，在此阶段，大型公共建筑普遍采用彰显庄重大气特征的古典主义、文艺复兴或巴洛克风格，再加上俄国设计师日丹诺夫善于将多种风格要素融会贯通，因此日本居留民会附属小学采用具有文艺复兴特征的折中主义建筑风格也就不足为奇了。

设计师在设计这栋建筑时，非常强调转角造型，采用三层通高的科林斯柱式，屋顶则采用复合式的穹顶实现对整个建筑的统领。连接转角和两翼的过渡部分则使用断山花和二层通高壁柱巧妙烘托中央部分。建筑两翼比例均衡，立面造型简洁大方。另外，檐口、女儿墙以及墙面大量运用的装饰元素，进一步彰显了巴洛克风格特征，在庄重典雅的造型中透露出亲和力。

▶ 日本居留民会附属小学

▶ 日本居留民会附属小学院内

▲ 20 世纪 30 年代的日本桃山寻常高等小学

▲ 兆麟小学鸟瞰

黑龙江邮政博物馆（原吉黑邮务管理局）

黑龙江邮政博物馆位于南岗区民益街 100 号，原为吉黑邮务管理局，建于 1922 年，设计师谢·阿·文萨恩，砖木结构，是具有巴洛克特征的折中主义建筑风格。

建筑体量宏大，造型庄重，平面采用对称式布局，立面采用古典主义三段式划分，建筑主体地上三层，地下一层。建筑在矩形平面上沿街突出部分设置次入口。一层采用半圆拱窗、墙面仿石分缝形成基座部分。二至三层建筑立面墙面为清水红砖，窗形富于变化，中央入口上方有巨大的拱形断层，花两侧用科林斯方壁柱支撑，檐口之上有复杂的女儿墙，以拱形山花为母题，并附有巴洛克式装饰浮雕，使建筑主入口更加突出，建筑形象华丽大气。

▼ 20 世纪 20 年代吉黑邮务管理局

▼ 黑龙江省邮电管理局

▼ 20 世纪 30 年代哈尔滨邮政管理局

老会堂音乐厅（原哈尔滨犹太总会堂）

老会堂音乐厅位于今道里区通江街 82 号，原为哈尔滨犹太总会堂，也称老会堂。该建筑原为砖木结构，于 1909 年建成，设计师是卡济 -

吉列，属于具有犹太装饰特征的折中主义建筑风格。1931 年发生火灾后重新修缮扩建，设计师为米·马·奥斯科尔科夫。是黑龙江省第七批省级文物保护单位。

哈尔滨犹太总会堂是一座融合拜占庭风格穹顶与犹太文化符号装饰的建筑。建筑平面为拉丁十字形，耳房为半圆形构造，主体大堂采用通高的巴西利卡式空间结构，中央穹顶设计为半圆形尖券式。建筑的细部装饰工艺精湛，门窗、楼梯、围栏等处的雕工尤为考究，展现出令人叹为观止的艺术水准。

2013 年建筑的外立面及周边环境得到了综合改造，内部空间也得到了彻底的更新，恢复了其原有的会堂室内空间形态。如今，这座历史建筑已蜕变为集音乐厅、主题咖啡厅和艺术书店于一体的城市文化地标，成为广受公众欢迎的文化休闲目的地。

▼ 建于 1909 年的第一代哈尔滨犹太总会堂

▲ 第一代哈尔滨犹太总会堂室内

▲ 哈尔滨老会堂音乐厅日景

▲ 哈尔滨老会堂音乐厅夜景

▼ 哈尔滨老会堂音乐厅室内

中东传统建筑风格

中东传统建筑风格指的是在 7—19 世纪中东地区占据主导地位的一种建筑风格。与此关联度最高的建筑就是清真寺。它的主要特点包括圆形穹顶、高高的宣礼塔、尖券拱廊门窗造型和各种几何装饰图案等。

中东传统建筑风格受古罗马、拜占庭和波斯等建筑风格影响，随着中东传统建筑从中东地区传播到世界各地，也受到不同地区文化的影响。

哈尔滨的中东传统建筑风格融合了中国传统、俄罗斯、阿拉伯、拜占庭等不同文化的影响，形成了特殊的地域风格：外观上，多采用不带鼓座的中央大穹顶，如鞑靼清真寺，其正殿之上的大穹顶形成构图中心，雍容夺目。尖塔高耸入云，位于入口门厅之上，带有收分和分段叠台式造型。而在装饰细节上会有玻璃马赛克瓷砖，各种几何、植物、花纹以及经文书法等装饰图样。

◄ 鞑靼清真寺

鞑靼清真寺

鞑靼清真寺位于道里区通江街 108 号。其前身建于 1906 年, 1922 年鞑靼侨民在此址兴建清真寺, 1924 年建筑主体完成, 1937 年举办落成典礼, 设计师是尤·彼·日丹诺夫, 建筑为砖木结构。1953 年, 此建筑为中国五金机械公司哈尔滨分公司, 1966 年, 为道里区人民武装部。2001 年 5 月, 哈尔滨市政府将该寺交给市伊斯兰教协会。同时, 按原貌对建筑进行维修整饰, 辟建广场。现为哈尔滨市一类保护建筑。

建筑内部空间为一层, 用两层窗。平面为长方形, 以短边为主立面, 设置门廊。背立面则向外凸出弧形壁龛。后半部屋顶鼓起伞状穹顶, 前部耸立细高的宣礼塔。宣礼塔平面为八边形, 下部有一层回廊, 顶部以小穹顶结束。墙面为红白相间的水平条纹, 窗用宽窄不等的尖券。主立面按竖三段构图, 端部二层转角处做倒角并升起八棱柱小塔。中央与端部采用不同的雉堞式檐口。建筑侧立面后半部再现主立面的竖三段构图。

▼ 鞑靼清真寺建筑立面图

▼ 鞑靼清真寺旧影

▲ 鞑靼清真寺现状

▼ 建筑细部

哈尔滨清真寺（原哈尔滨清真东寺）

哈尔滨清真寺位于道外清真寺社区清真寺广场内，原称清真东寺。其前身旧称滨江清真寺，为民房五间，始建于 1897 年。1935 年在此址兴建砖混结构清真寺，由俄侨建筑师科拉勃廖夫、科拉勃廖娃兄妹设计。1958 年改称哈尔滨清真寺。1979 年，在政府主导下，再次修复清真寺。2003 年清真寺扩建，同时对清真寺主殿进行装饰与维修，并拓建广场。

建筑由主殿、后窑殿组成，采用集中式平面，大穹顶为洋葱头状，六棱柱鼓座，每面开半圆额窗；四个小穹顶为尖券形，圆柱鼓座，四面开马蹄窗。后窑殿逐层台阶型内收至现代风格的望月楼方塔。方塔及穹顶上都立有望月标志。立面正中三个开间后退做入口门廊，用四根爱奥尼混合柱式。两端部开间为实墙，开马蹄形券窗。侧立面用半圆额窗，背立面门上用八角窗。装饰有垂挂雕饰、锯齿状雕饰、方圆钮形装饰等。

▼ 清真寺现状

▲ 设计师科拉勃廖娃等人在落成后的清真东寺前

▲ 清真寺立面图

中国传统建筑风格

中国传统建筑风格是在中国历史发展进程中形成的具有民族特色的建筑形式，历经数千年演变，形成了独特的营造技艺与美学特征，展现出丰富的地域文化内涵。

哈尔滨的中国传统建筑集中体现为清代古典建筑风格，属于北方官式建筑的典型代表。此类建筑在空间布局上严格遵循对称原则，主体建筑沿中轴线纵深排列，建筑规模一般比较宏大，通过多进院落组合构成规整的建筑群落，既体现礼制秩序，又彰显空间层次。建筑结构通常采用形制化的木结构体系，主体结构形式丰富多样，包括抬梁式、穿斗式和井干式等。

建筑通常采用大屋顶的造型，包括庑殿、歇山、悬山、硬山、攒尖、卷棚等多种形式。建筑装饰丰富多彩，斗拱构件精巧融合结构功能与装饰效果，梁枋藻饰金碧交辉，整体呈现出“雕梁画栋”的华美气象，生动诠释了中国传统建筑技艺与艺术的高度统一。

▼ 极乐寺主入口

▲ 哈尔滨文庙大成殿

▲ 东省特别区第三中学

极乐寺

极乐寺位于今南岗区东大直街 9 号，建成于 1924 年。建筑群由藏经楼、鼓楼、钟楼、七级浮屠塔等建筑组成。藏经楼、鼓楼与钟楼的设计师是王守先。该建筑是黑龙江省第一批省级文物保护单位。

极乐寺的建筑布局及建筑风格呈现古今交融、中西合璧的独特风格。寺庙分为东院和西院两大部分，整体布局延续了中国传统寺院的特点。寺院坐北朝南，主体建筑如天王殿、大雄宝殿、三圣殿等分布在南北中轴线上，均为硬山式屋顶。山门为牌坊式，青砖砌筑，是砖混结构。入山门后，东西两侧分别建有钟楼和鼓楼，形制颇具特色。另外，在东院内，七级浮屠塔与前面的地藏殿紧连在一起，布局方式国内罕见。

▼ 极乐寺全景鸟瞰

▼ 极乐寺入口

▲ 极乐寺院内

▼ 极乐寺东院七级浮屠塔

哈尔滨文庙

哈尔滨文庙位于今南岗区文庙街 25 号，始建于 1926 年，建成于 1929 年，为砖混结构。1946 年曾为哈尔滨医学专科学校图书馆，1952 年为哈尔滨军事工程学院用房，1971 年移交黑龙江省军区，1985 年后为黑龙江省民族博物馆。该建筑为第四批全国重点文物保护单位。

哈尔滨文庙规模宏大，是东北地区建筑规模最大、建筑等级最高、建筑规制最全的孔庙。文庙仿照清代建筑形制，采用三进院格局。从第一进院落的泮池、泮桥、棂星门，到第二进院落的大成门、大成殿，再到第三进院落的崇圣祠，整体布局对称严谨，形制规整，展现了中国古代建筑的礼制美学。

哈尔滨文庙最特别之处在于大成殿采用了十一开间、重檐庑殿顶大祀规格，在形制上超过了曲阜孔庙和北京孔庙的九开间格局，只是每个开间的尺寸有所缩减。还有一点是结构体系的变化，大成殿的内外金柱由木材改为钢筋混凝土柱，既保留了传统形制，又增强了结构安全性与耐久性。

▼ 哈尔滨文庙大成殿

▲ 哈尔滨文庙大成殿远景

▲ 哈尔滨文庙棂星门

▲ 哈尔滨文庙大成殿的内外金柱由木材改为钢筋混凝土柱

哈尔滨市第三中学（原东省特别区第三中学）

哈尔滨市第三中学位于今南岗区果戈里大街 415 号。原为中东铁路普育学校而建，设计师是瓦·卡·维利斯，建筑为砖混结构。1927 年建筑落成后，中东铁路普育学校中学部已更名为东省特别区第三中学，迁至此处。1934 年学校被迁出，该建筑被伪满“第四军管区司令部”占用。1954 年学校迁回原址，1964 年更名为哈尔滨市第三中学。

该建筑完美融合了中国传统建筑风格与欧洲建筑风格，堪称中西合璧建筑的典范之作。建筑位于新市街与埠头区交界的城市枢纽位置，周围分布着新艺术运动风格的哈尔滨火车站以及以中东铁路建筑风格为主的中东铁路中央医院等西式建筑，形成强烈的文化对话。

在空间布局上，校园没有采用中国传统建筑的布局方式，而是采用欧洲传统城市街区的围合式布局方式，形成梯形围合院落。

建筑主体立面呈现对称式布局，屋顶为重檐歇山顶，建筑色彩鲜艳，绿瓦黄墙。主立面二层通高的朱红色钢筋混凝土仿木柱廊在视觉上十分突出，使建筑在整体上显得气势宏伟，柱廊没有采用中国传统的等距排列方式，而是按照实际功能灵活布局。建筑细部匠心独运，例如柱子与额枋之间的雀替采用罕见的竖向布置方式，歇山顶的垂脊采用卧龙装饰，屋瓦有“普育”字样的琉璃瓦当和中东铁路飞轮标识的琉璃滴水等纹样。

▼ 东省特别区第三中学

▼ 哈尔滨市第三中学校园内景

▼ 山街（今一曼街）街景，右一为该建筑

▲ 建筑侧面

▼ 建筑鸟瞰

中华巴洛克建筑风格

哈尔滨的老道外拥有大量由欧式外立面、中式外墙装饰和中式内庭院结合而成的中华巴洛克式建筑。这是一种中西合璧式的建筑风格，主要是指将西式建筑立面与中国传统装饰元素相结合的一种建筑式样。中华巴洛克建筑风格是学者对哈尔滨老道外这种独特建筑风格的一种称谓，它是带有过度装饰而又不属于古典传统的建筑的统称。

中华巴洛克风格建筑的立面一般是欧式风格的，而外墙装饰又有很多中国传统纹样，比如牡丹、铜钱、石榴、葡萄、卷草纹等，承载着富贵、多子、生生不息等吉祥寓意。

它的合院空间最具特色，除了形成独院、合院和大杂院等大小不一、功能不同的院落空间外，在院落空间类型上也有别于传统院落，经常能看到“前店后厂”或“下店上住”的商住混合模式。除一些大型公共建筑外，大多数商住一体建筑的商、住却是完全分离的，即沿街商住楼并不设置内楼梯。中华巴洛克建筑也融合了北方建筑特点，形成了独树一帜的民俗建筑形式。

▼ 傅家甸北头道街街景

▲ 傅家甸正阳街街景

靖宇街 412 号（原同义庆中外货店）

靖宇街 412 号原为同义庆中外货店，建于 20 世纪 20 年代，建筑为砖混结构。20 世纪 30 年代，鸿升厚金店在此开业。1957 年，红十字纯化医院在此成立。

▼ 傅家甸南头道街街景

同义庆中外货店坐落于今靖宇街与南头道街交口处，地理位置十分重要，建筑呈L形，原为二层的砖木结构建筑，后增建为四层的大楼，楼顶建有中式凉亭，俗称望火亭。

该建筑首层造型简洁，至女儿墙造型逐渐繁复。转角处叠落式造型的女儿墙高起，形成构图中心，有体现中华巴洛克特征的浮雕装饰；建筑立面二、三层有通高的圆形壁柱，转角二、三层有通高的竖向牌匾。建筑立面遍布浮雕装饰，并采用大量不同形式的壁柱，柱头和柱身布满复杂精美的浮雕图案，具有浓郁的中国传统装饰色彩。建筑出入口两侧分立一对双倚柱，柱头为西式爱奥尼柱式与中国结装饰图案相结合，柱身为西式柱式，柱础为中式鼓座。主入口上方嵌有蝙蝠浮雕和祥云纹样，转角立面采用两种西式柱式，白色浮雕沿柱身蜿蜒而下，营造出华丽而独特的视觉效果。

一层设大橱窗，二层开成对的方额高窗，三层开半圆额窗，窗间柱和

▼ 纯化医院

窗户上方都装饰有大量复杂的中西混合式的花饰。檐口有成对的托檐石，檐上屋顶层开半圆额高窗。

这栋建筑的特别之处是在建筑内部设有带天窗的天井空间，既能解决室内采光问题，又能很好地满足冬季保暖需要。

此建筑不但凝聚着中国传统工匠的建筑手艺，也记录着哈尔滨民族商业的崛起。

▼ 同义庆中外货店

▼ 同义庆中外货店转角细部

▼ 建筑入口

▼ 建筑细节

靖宇街 385 号（原泰来仁鞋帽货店）

靖宇街 385 号原为泰来仁鞋帽货店，建于 1927 年，建筑为砖混结构。20 世纪 80 年代为向阳毛皮商店。该建筑是一般不可移动文物保护单位。

▲ 泰来仁鞋帽货店

▲ 修复后的靖宇街 385 号建筑

泰来仁鞋帽货店位置在正阳街与头道街交汇处的“十字街” 西北角，建筑较为庞大，沿正阳街一侧立面相对简洁朴素，虽无过多装饰，但在檐口墙面上点缀有麦穗图案，体现了当时建筑的装饰特征，别有意趣。建筑转角处则集中呈现了典型的中华巴洛克设计手法：两层楼高的转角科林斯柱式使建筑显得十分气派，叠层的女儿墙中间有三羊开泰浮雕，两侧墙柱上的装饰呈现了新艺术运动风格的元素，整体造型层次丰富。这栋建筑最具辨识度的当属转角处跨越二、三层的通高商业匾额，其两侧辅以舒展的凤尾纹浮雕装饰，形成强烈的视觉张力，给人留下很深刻的印象。

▼ 南头道街街景，右侧大楼为天丰源货店

道外南头道街 25—29 号（原天丰源货店）

道外南头道街 25—29 号原为天丰源货店，建于 1915 年，是一座两层砖木结构的商业大楼。20 世纪 30 年代，这里成为大和平货店。

在老道外，众多的中华巴洛克风格建筑中，现南头道街与南勋街交口的天丰源货店大楼堪称“中华巴洛克”第一楼。整体建筑气势恢宏，地面装饰精美绝伦，一层基座厚实坚固，开设大橱窗，形成基座层，二层开独立柱式双扇窗，墙面装饰复杂精美，建筑顶部檐口出挑巨大，下设托檐柱，女儿墙造型高低起伏，变化丰富。

这栋建筑的最特别之处是建筑中央部分体量突出，在入口上方与二层交接处，有造型极为丰富的卷涡状柱基，整个建筑墙面柱式形态多样，装饰纹样繁多变幻，不失为中华巴洛克经典建筑。

▼ 建筑细节

▼ 天丰源货店旧影

▼ 建筑现状

装饰艺术建筑风格

装饰艺术建筑风格起源于20世纪初的装饰艺术运动，是一种融合大工业时代现代设计理念与装饰美学的建筑风格，因1925年在巴黎举办的现代化工业装饰艺术展览会而得名，以装饰性和象征性为核心理念。

装饰艺术建筑风格注重真实性，追求线条优美，强调色彩和材料的有机调和，并兼顾功能性和实用性。作为新艺术运动之后并行发展的两大流派，装饰艺术与现代主义都延续了新艺术运动提倡的新装饰、新工艺、新材料的革新主张。二者的差异在于，现代主义面向大众，更加注重国际化，而装饰艺术则更彰显财富，可视为带有装饰元素的现代主义分支。

装饰艺术建筑风格的造型特征通常表现为太阳辐射状的花卉纹样、富有机械美感的装饰图样、建筑立面上的竖向划分和逐层叠合。

哈尔滨的装饰艺术风格的建筑通常表现为建筑立面上的竖向划分以及简约的建筑装饰。相应地，这一时期的建筑结构体系、施工工艺、材料、色彩运用都发生了很多变化，与哈尔滨已经形成的欧式建筑体系有明显不同。

▼ 新哈尔滨旅馆（今国际饭店）

▼ 红专街43号（原罗森达里犹太医院）

▶ 西大直街 34 号(原近藤林业公司)

国际饭店(原新哈尔滨旅馆)

国际饭店位于今南岗区西大直街 2—4 号，原为新哈尔滨旅馆，建成于 1937 年，砖混结构建筑，总工程师是谢·伊·别尔米诺夫，属于早期的装饰艺术建筑风格。20 世纪 50 年代为哈尔滨国际旅行社。现为不可移动文物。

该建筑采用自由式平面布局，与圣尼古拉教堂广场形成呼应关系。建筑共五层，一层外墙采用仿石材贴面，二至五层的建筑主体墙面为浅黄色釉面砖，建筑的整体造型简洁大气。

建筑立面最突出的特征是排列了大量竖向壁柱线条，形成类似手风琴风箱的视觉效果，横向错落的阳台则宛如琴键。建筑入口处上方设有一个精致的雨篷，凸显现代主义建筑风格特征。建筑上下层窗户之间的墙面饰以带有中美洲风格的装饰线条，入口上方的浮雕装饰更以精美纹样强化了入口处的空间感。

▼ 新哈尔滨旅馆街景

▼ 建筑立面细部

▲ 新哈尔滨旅馆鸟瞰

◀ 建筑立面细部

红专街 43 号（原罗森达里犹太医院）

红专街 43 号原为罗森达里犹太医院，建于 1931 年，砖木结构建筑，属于早期装饰艺术建筑风格。1934 年德籍犹太人医生罗森达里为躲避纳粹迫害来到哈尔滨，在这里开设犹太医院。20 世纪 50 年代，著名抗日将领苏炳文曾在此楼后院居住。现为不可移动文物。

这栋三层建筑采用对称式的平面布局，沿主街呈凸字型布局，主体凸出，两侧凹进并设阳台，建筑立面简洁明快。建筑最显著的特征是中间入口两侧设有贯穿二、三层且凸出屋面的垂直壁柱，与各层的水平线脚形成强烈对比，体现的是装饰艺术风格向现代主义风格的过渡。

此外，这栋建筑的立面装饰也颇具特点。建筑中心区域的门窗一律为半圆券仿石贴面，屋顶设置巨大的浮雕装饰；一层的开窗为双圆心券式仿石贴面；建筑两端的墙体上有横向浮雕装饰。这栋建筑将装饰艺术风格的复杂与现代主义风格的简约巧妙地进行了融合。

▼ 红专街街景

▼ 建筑细节

▲ 红专街 43 号建筑

西大直街 34 号（原近藤林业公司）

西大直街34号原为日商近藤林业公司，建于1940年，砖混结构建筑。后为哈尔滨铁路分局房产工程处。现为不可移动文物。

这是一栋 L 形的转角建筑，整体建筑造型明快简洁。建筑立面由方形壁柱分隔成若干单元，每个单元的壁柱顶部高度不一，与檐口的装饰带形成鲜明的对比，十分富有韵律感。建筑立面上排列设计简洁的方窗，一层顶部装饰有水平线脚。

▼ 建筑细节

▲ 西大直街 34 号

哈尔滨哈铁印刷有限公司（原中东铁路印刷所）

哈尔滨哈铁印刷有限公司位于今香坊区六顺街 171 号，原为中东铁路印刷所。砖混结构建筑，建于 1926 年。1946 年改为东北铁路印刷厂，1953 年改为哈尔滨铁路局印刷厂。现为不可移动文物。

中东铁路印刷所位于新市街通道街（今中山路）中段，建筑平面为简单的矩形，立面简洁干净，大面积的玻璃窗分隔有序，具有工业建筑的特征。建筑的入口部分造型突出，入口上方是由托檐石支撑的石制雨篷。

这栋建筑最特别之处是它的装饰细节：三层通高的壁柱在第二层和第三层处装饰有白色人像浮雕，因此，这栋楼也被人们称为“人头楼”。此外，第二、三层窗户之间的墙面上装饰了水平线脚，第二、三层之间装饰了玻璃马赛克图案。

这栋建筑不仅展现了现代工业建筑与装饰艺术的完美结合，更见证了哈尔滨工业发展的历史历程。

▼ 哈尔滨哈铁印刷有限公司全景

▲ 中东铁路印刷所旧影

▼ 哈尔滨哈铁印刷有限公司

▼ 哈尔滨哈铁印刷有限公司室内

▼ 建筑外立面人像浮雕

▼ 建筑外立面马赛克装饰

早期现代主义建筑风格

哈尔滨在沦陷时期，经历了“都邑计划”之后，城市风貌发生很大变化，建筑风格趋向简约、现代，这与哈尔滨已有的欧式建筑基调有了很大不同。这个时期的建筑风格经历了早期现代主义、装饰艺术和现代主义的演变过程。

现代主义又称功能主义。现代主义建筑风格是 20 世纪中叶在西方建筑界占据主导地位的一种建筑流派，核心理念是摆脱传统建筑形式的束缚，创造适应工业化社会需求的崭新建造方式。

现代主义的首要设计原则是形式追随功能，也就是建筑的形式应该由建筑的功能决定。其次是积极使用金属、钢筋混凝土、玻璃等材料，以实现更大的建筑空间和更简洁的造型，一般有极具几何感的简洁体块、不对称的布局、平屋顶和光洁的白色墙面。另外，现代主义追求更加开放和流动的空间布局，并且注重建筑设计的经济性，主张降低建筑成本，摒弃任何的过度装饰。

▼ 哈尔滨弘报会馆（今黑龙江日报社）

▼ 儿童电影院

▲ 石头道街与地段街交口的两处早期现代主义风格建筑，左侧为丸商百货店（今金太阳索菲亚精品城），右侧为前田大楼（今地段街新华书店）

黑龙江日报社（原哈尔滨弘报会馆）

黑龙江日报社位于今道里区经纬街 5 号，原为哈尔滨弘报会馆，建于 1938 年，砖混结构建筑，设计师是约·列·拉波波尔特，施工单位为伏尔加建筑公司。1946 年东北日报社迁至此处，1954 年后为黑龙江日报社。

这是一栋转角建筑，主体为三层，转角处为四层，转角处的塔楼为九层，高耸挺拔。建筑造型很简洁，是比较典型的现代主义风格。建筑立面的窗口向内凹，实现了强烈的竖向划分的效果。上下两层窗户之间的墙面上装饰着竖向条纹，与简洁的墙面形成鲜明对比。此外，建筑的墙面为灰色水刷石，转角处还设有开敞式的方柱门廊。

最具特色的转角处塔楼，顶部像金字塔一样的叠檐，造型独特，是现代主义建筑风格与古典主义元素相结合的典范之作。

◀ 哈尔滨弘报会馆（今黑龙江日报社）

▲ 20 世纪 80 年代黑龙江日报社旧影

儿童电影院（原平安座电影院）

儿童电影院位于今道里区工厂街 120 号，原为平安座电影院，建于 1933 年，砖混结构建筑。1945 年，更名为南京电影院。1946 年，为纪念抗日英雄李兆麟将军，更名为兆麟影院。1948 年，第六次全国劳动大会在这里召开，1960 年更名为儿童电影院。现为不可移动文物。

该建筑具有荷兰风格派的典型特征，整体由简单的几何形体组成。建筑的色彩单一且纯粹，体现了现代主义建筑的特征。然而，这栋建筑的整体造型并未因此显得呆板，在设计手法上，弧形的磨角与直角的建筑造型形成对比，横向的带形窗与竖向的几何造型形成对比，塑造了既具理性秩序又不失生动活泼的建筑形象。

◀ 兆麟影院

▲ 儿童电影院

金太阳索菲亚精品城（原丸商百货店）

金太阳索菲亚精品城位于道里区地段街 128 号，原为丸商百货店，建于 1936 年，砖混结构，设计施工单位为日本福昌公司哈尔滨出张所。建成当年有丸商百货店和哈尔滨商工会议所入驻，是当时哈尔滨最大的百货公司。1946 年为松花江第一商场，1948 年后为闻名全国的哈尔滨第一百货商店，1952 年建筑曾扩建。1990 年“哈一百” 搬迁。2006 年改为金太阳索菲亚精品城时，历经改造，建筑风貌发生重大变化。现为不可移动文物。

该建筑为 L 形转角建筑，五层砖混结构，建筑整体造型以简洁的几何形体为主，摒弃了过多复杂的装饰，体现了建筑追求简洁、实用的特征。建筑内部各楼层功能分区明确，外观立面有较多长方形窗户排列，整齐规律，与建筑整体风格相统一。

该建筑是早期现代主义建筑风格的代表，引领了当时商业建筑的潮流，创造了新颖的商业建筑类型和新的范式：在建筑底层沿街面推出“超级大橱窗” 展示功能，不仅烘托商业氛围，也给城市带来新的视觉景观。它使得城市建筑在传统中式、欧式等风格之外，又增添了新的元素，使哈尔滨的建筑风格更为多元化。

▲ 丸商百货店

▲ 丸商百货店

地段街新华书店（原前田大楼）

地段街新华书店位于今道里区石头道街 77 号，地段街与石头道街转角处，原为前田大楼，建于 1939 年。建筑为砖混结构。一楼曾开办过前田时计店，1946 年后为兆麟书店，20 世纪 50 年代后更名为新华书店。现为不可移动文物。

建筑采用L形布局，转角部分为四层建筑，两翼为三层建筑，呈现叠落趋势。建筑的整体造型十分简洁，一层的墙面为仿石材料，结合大面积的玻璃橱窗设计，满足商户展示商品的功能需求。建筑上部的墙面采用浅黄色的釉面砖，开设细长的窗户。转角处的立面设计颇为用心：最上面的屋顶处有装饰构件，往下依次设有圆形的钟表和贯通第二、三层的竖向装饰框架。

这栋建筑位于埠头区东部的社区。20世纪30年代，这个社区内的建筑大多采用现代主义建筑风格，这栋建筑是其中的代表。

▼ 20世纪40年代的前田大楼

▲ 前田大楼

哈尔滨历史文化丛书

流派纷呈
哈尔滨建筑风格纵览

下篇

1946 年至今
哈尔滨建筑艺术

仿中国传统建筑风格

20 世纪 50 年代，中国盛行的仿中国传统建筑风格被称为“民族形式建筑”。这种建筑风格是特定历史时期的产物，既体现了对中国传统的致敬，也反映了现代建筑与传统文化的早期融合探索。

这一时期的建筑主要特征是大量借鉴清代官式建筑元素，如大屋顶、飞檐、斗拱、琉璃瓦等，外观追求中国传统建筑的庄重感。建筑的主体多为对称式布局，体量更趋于西式古典主义建筑式样。墙面常采用红砖或仿石材质，搭配中式门窗柱廊。

哈尔滨的仿中国传统建筑以政府机关、各大院校建筑为主，如哈尔滨友谊宫、中国人民解放军军事工程学院、哈尔滨医科大学、哈尔滨市委办公楼、中国地震局工程力学研究所等，都属于此类建筑。

▼ 中苏友谊馆（今哈尔滨友谊宫）

▼ 哈尔滨医科大学

▼ 哈尔滨市委办公楼（今哈尔滨市博物馆）

▼ 中国地震局工程力学研究所

哈尔滨工程大学早期教学楼建筑群（原中国人民解放军军事工程学院建筑群）

哈尔滨工程大学前身为中国人民解放军军事工程学院，简称“哈军工”，成立于 1953 年 9 月 1 日。校址坐落于哈尔滨南岗龙脊之地。哈军工是中共中央、中央军委直接领导的新中国第一所高等军事工程技术学校。学院创建之初，按军兵种设置了空军、炮兵、海军、装甲兵和工兵五个工程系。与此相应，分建五座独立的教学大楼，于 1953 年至 1955 年间陆续建成，皆为砖混结构仿中国传统建筑风格建筑。五大建筑主体屋顶及装饰均为古典式对称型，细部采用中国传统建筑式样，是一种全新的、中西结合的建筑风格，已被列为不可移动文物。

▼ 中国人民解放军军事工程学院建筑群

以 21 号大楼为例，它是二系即炮兵工程系教学楼，建筑平面布局为山字形，整体建筑五层，中央部分为七层。楼宇架构为歇山顶组合屋面，主体部分为重檐歇山顶，庄重而典雅。屋脊端部有回望老虎雕像，取代中国传统建筑的鸱吻，楼角飞檐上是一排大炮模型雕塑，传统建筑飞檐上的仙人换为骑马将军，表明大楼所属院系兵种。建筑内部空间高大开阔，既实用又美观，碧瓦红柱，门廊色彩对比强烈，给人以视觉冲击，展现出中国传统建筑的色彩美感。

哈军工是共和国军事工程的摇篮，自 1953 年至 1970 年的办学过程中，为我国的国防建设做出了不可磨灭的巨大贡献。1970 年初，哈军工正式搬迁、分建，原址组建哈尔滨船舶工程学院，1994年，更名为哈尔滨工程大学。

▼ 哈军工炮兵工程系（21号）大楼

▼ 哈军工海军工程系（31号）大楼

▼ 哈军工装甲兵工程系（41号）大楼入口处

哈尔滨医科大学主楼

哈尔滨医科大学主楼位于南岗区保健路 157 号，建成于 1954 年。校园内教学楼建筑群皆为砖混结构仿中国传统建筑风格。

该建筑地上三层，地下一层，采用了一字形对称式布局。建筑主体为简约的现代风格，建筑中段为四层，体量凸出于主体建筑。二至三层采用凹进式处理，并用跨三层的中式巨柱支撑，形成通高两层的外廊，增加了建筑层次感和空间感。柱顶及一层处设有额枋，并绘有旋子彩画，展现出中国传统建筑的精致与华丽。建筑屋顶采用组合式双坡顶，中间部分采用歇山顶，正脊采用白鸽装饰，在古朴含蓄中透露出轻松惬意的氛围，为建筑整体风格增添了独特元素，也体现了校园文化特色。

▼ 哈尔滨医科大学主楼

▼ 建筑细节

哈尔滨友谊宫（原中苏友谊馆）

哈尔滨友谊宫位于道里区友谊路263号，建于1954年，原称中苏友谊馆，后称中苏友谊宫。总设计师是李光耀，建筑师是叶·阿·乌拉索维茨，建筑为砖混结构。1960年改为哈尔滨友谊宫。

中苏友谊馆是当时为承接苏联等国家外事接待任务而兴建的场所，国家领导人、外国元首、驻华外交使团等曾下榻于此。建筑将中国古典的建筑语言与西方古典主义的构图法则相结合，是仿中国传统建筑风格的重要作品。建筑平面为山字形，由中央段与两翼连接而成。中央段的平面为工字形，建筑师创造性地在中轴线前后屋顶上设置了两个五开间歇山顶建筑，前为单檐，后为重檐，它们像穹顶一样统率着构图。建筑入口用四柱三间三楼的牌坊作为巨大的雨篷。建筑主从分明，繁简得当，恢宏大气。

▼ 1954年落成不久的中苏友谊馆

▲ 哈尔滨友谊宫现状

▲ 建筑旧影

▲ 歇山顶

▼ 20 世纪 50 年代中苏友谊馆局部

社会主义民族建筑风格

社会主义民族建筑风格是在社会主义建设背景下，融合了社会主义理念与民族文化特色而形成的建筑风格。这类建筑通常体量恢宏，高耸雄伟，气势磅礴，强调纪念性建筑形象。建筑平面多采用中轴对称布局，结构紧凑且严谨规整。建筑立面普遍为三段式的结构，即由檐部、墙身和勒脚三部分共同组成。建筑造型多表现为中间高耸而两边较低，常设有主塔和宽阔的回廊。在借鉴柱廊、高塔、雕塑等古典主义建筑元素的同时，又加入了社会主义的符号元素，如镰刀、锤子、红星等，并将功能主义与装饰性有机结合起来。

在当时的国际背景下，社会主义民族建筑风格对我国的城市建设产生了较大影响，我国各地陆续出现这类风格的建筑。作为中苏交流前沿城市的哈尔滨，这一时期集中建造了大量社会主义民族风格的建筑，涵盖政府机关、展览馆、各类高校建筑及大型工厂办公楼等公共建筑类型。其中颇为常见的是一种称为“飞机楼”的建筑类型，“飞机楼”的建筑平面呈山字形，有“机身”和“两翼”，形似飞机，因而得名。20 世纪 50—60 年代，哈尔滨建造了不少这种类型的大型公共建筑，它们的共同特点是主楼有高耸的叠台式塔楼。

▼ 哈尔滨工业大学主楼建筑群

▲ 哈尔滨量具刃具厂主楼

▲ 东北农学院教学楼（今黑龙江中医药大学主楼）

▼ 黑龙江省图书馆（今黑龙江省档案馆）

哈尔滨工业大学主楼

哈尔滨工业大学主楼位于今南岗区西大直街 92 号，始建于 1959 年，落成于 1965 年。建筑为砖混结构，设计师是张之凡和邓林翰。现为不可移动文物。

哈尔滨工业大学主楼是典型的社会主义民族建筑风格，大楼高大肃穆，庄重典雅，气势恢宏。主楼建筑为 T 字形布局，中轴对称，与两侧的电机楼和机械楼等配楼共同形成山字形的建筑群。

主楼平面构图严谨规整，主次分明。建筑立面中间高而两侧低，中间为宏伟的叠台式塔楼造型，造型比例优美得当。建筑的主体墙面使用了青色的水刷石，柱头、檐口等细节处融入了西方古典建筑的装饰元素，使整个建筑显得既庄重又典雅。

哈尔滨工业大学主楼不仅是学校的标志性建筑，更是哈尔滨市重要的文化地标，承载着城市的文化记忆，具有重要的建筑史学价值。

▼ 哈尔滨工业大学主楼

▲ 哈尔滨工业大学鸟瞰

▲ 建筑细部

黑龙江省档案馆(原黑龙江省图书馆)

黑龙江省档案馆位于今南岗区文昌街 48 号，原为黑龙江省图书馆，建成于 1961 年。建筑为砖混结构，属于典型的社会主义民族建筑风格，具有鲜明的时代特征。

该建筑没有采用通常的“飞机楼”的塔楼样式，而是在建筑主体的屋顶上方建造了一个精巧的小型钟楼，钟楼的四个角向外凸出，非常新颖别致。建筑主入口处建有六根方柱门廊，入口上方有四根贯通二层至四层的科林斯通高壁柱，门廊宽敞通透，与舒展的建筑形态相得益彰。

建筑立面简洁大方，通过在屋顶、女儿墙及钟塔上添加具有时代特征的装饰构件，建筑立面更加丰富。

▶ 黑龙江省图书馆

黑龙江中医药大学主楼（原东北农学院教学楼）

黑龙江中医药大学主楼原为东北农学院教学楼，始建于1952年。设计师是米·阿·巴吉赤。建筑为砖混结构，属于社会主义民族建筑风格，是哈尔滨第三批一类历史建筑。

由巴吉赤设计的这栋建筑极具时代特征，又被赋予建筑师个人风格，他将自己创新的设计理念应用于建筑。当时，他设计了几座功能较为复杂的建筑，平面布局采用飞机的造型，建筑整体统一完整，具有鲜明特征。

黑龙江中医药大学主楼不仅是这所学校的象征，更承载着丰富的历史和文化价值。

▼ 东北农学院教学楼

▼ 黑龙江中医药大学主楼

▼ 黑龙江中医药大学主楼屋顶俯视

▼ 黑龙江中医药大学主楼屋顶塔尖

▲ 立面装饰细部

古典复兴建筑风格

古典复兴建筑风格又称新古典主义建筑风格，是流行于 18 世纪到 19 世纪欧美国家的以复兴古希腊和古罗马文化为特征的一种建筑风格。

哈尔滨的古典复兴建筑风格也受此影响，多见于大型公共建筑、文化宫、图书馆以及纪念性建筑等。其主要特点是建筑造型采用古希腊、古罗马柱式构图，如采用多立克柱式、爱奥尼柱式、科林斯柱式以及穹顶造型等要素来体现建筑的庄严与典雅。

建筑平面多为规整的几何形体，空间构成强调秩序感。建筑立面追求和谐比例关系与对称性，强调建筑体量的平衡与稳定感。在装饰细节上，摒弃过于复杂的装饰，往往通过具有时代特征的简化装饰要素来体现建筑整体的简洁与大气。

哈尔滨市人民防洪胜利纪念塔

为了纪念 1957 年全市军民抵抗特大洪水的胜利，以及全市永久性江堤的改造修建，哈尔滨市委、市政府决定在松花江堤上修筑哈尔滨市人民防洪胜利纪念塔。纪念塔位于道里区中央大街北端的江畔广场，建于 1958 年，1960 年举行落成典礼，为砖混结构。

纪念塔由圆柱状主塔和 20 根科林斯柱围合成的半圆形的柱廊组成。柱廊划定了纪念性空间，烘托了塔身主体，也淡化了中央大街与江堤并非正交的形式矛盾。塔的基座为方形，前出两层水池，标志着 1957 年和 1932 年两次特大洪水的水位，基座上的金属杆标示着 1998 年的特大洪水水位。塔身下部是群像浮雕，塔顶是工、农、兵、学形象组成的圆雕；塔身中部的半椭圆形凹槽显得刚劲有力，是源自多立克柱式的做法。纪念塔落成后成为哈尔滨市的标志性建筑之一。

▲ 哈尔滨市人民防洪胜利纪念塔旧影

▼ 20 世纪 90 年代拍摄的江畔鸟瞰

▼ 科林斯柱

▲ 哈尔滨市人民防洪胜利纪念塔

▲ 塔顶的人物群像

哈尔滨工人文化宫

哈尔滨工人文化宫位于今中山路248号，于1957年建成，是由米·阿·巴吉赤和李光耀等建筑师共同设计的砖混结构建筑，设有剧场、文化厅、音乐厅、讲演厅、图书阅览室、舞厅及各种游艺厅、排练厅等。现为不可移动文物。

哈尔滨工人文化宫位于城市南北中轴线中山路核心地段，规模宏大，气势宏伟。从中山路望去，这栋米黄色建筑的立面沿街展开，高低错落，十分富有韵律感。

建筑总体布局最初采用飞机造型的设计理念，中间的剧场呈东西向布置，两翼则呈南北向布置，后因故仅建成北翼部分，但整体仍保持恢宏的建造气势。

这栋建筑最具视觉冲击力的当属左侧剧场入口，建筑立面设计借鉴莫斯科大剧院的希腊古典主义风格：巨大的山花及精雕细琢的浮雕装饰，营造出庄严雄伟的立面效果。右侧音乐厅入口则以古典主义建筑立面为基础，顶部冠以拜占庭风格特征的穹顶，通过穹顶弧线与古典柱式的对话，形成刚柔并济的审美意趣。中央主体部分遵循中轴对称原则，各部分建筑既各自独立，又通过协调的比例与统一的风格组合为和谐的整体。

作为哈尔滨这座工业型城市的标志性建筑，工人文化宫是一个时代的标记，承载着特殊的历史记忆。

▼ 哈尔滨工人文化宫全景

▲ 哈尔滨工人文化宫

▲ 建筑细节

平原街 34 号（原黑龙江省工人疗养院俱乐部）

平原街 34 号为黑龙江省工人疗养院俱乐部，建于 1954 年，建筑为砖混结构。

这栋建筑为单层十字式对称布局。主入口位于建筑中部，呈现出典型希腊式山花柱廊建筑形象。高大的六根科林斯组合柱式，以及上方三角形山花，共同组成气派的门廊空间。山花配有浮雕作为装饰，中间有圆形的窗洞。建筑两翼有矩形窗，檐口平直且连续舒展。建筑中段后部的剧场大厅宽敞气派，整个建筑色彩淡雅明快，整体造型庄重而典雅。

▼ 黑龙江省工人疗养院俱乐部

▲ 黑龙江省工人疗养院俱乐部

▲ 壁柱、门窗和拱形窗

▲ 山花上的浮雕和圆形窗洞

■ 现代主义建筑风格

现代主义建筑风格，是20世纪初在西方建筑界居于主导地位的一种建筑风格。建筑空间上，主张形式追随功能，反对主观审美与历史符号堆砌；建筑形式上，摒弃复杂装饰，以几何形体简洁线条和纯净表面为特征；建筑技术上，多采用钢、混凝土、玻璃等现代材料，探索框架结构、大跨结构等新技术，突破传统建筑限制。

新中国成立后，中国的现代主义建筑之路融合了传统与现代、本土与国际，经历了从探索、碰撞到多元发展的历程。

哈尔滨的现代主义建筑也经历了现代主义建筑在中国的所有历程：从早期探索阶段的西化建筑、民族形式运动以及现代主义启蒙，到新中国成立至改革开放前的社会主义民族建筑、集体主义的功能主义建筑；从改革开放到21世纪初的市场化驱动与风格碰撞阶段产生的全球化建筑倾向、本土主义和实验性探索；以及21世纪以来多元共生与国际话语权建构中的地标建筑与先锋实验类建筑……随着时代发展，哈尔滨这座北国冰城、时尚之都也在不断传承文脉、砥砺创新，迎接更好的明天。

哈尔滨大剧院及音乐博物馆

哈尔滨大剧院坐落在松花江北岸文化中心岛内，是哈尔滨规模最大、设施最完备、功能最完善的音乐文化综合体。这座建筑犹如镶嵌在松花江畔的璀璨明珠，曾被评为“2015年世界最佳建筑”之“最佳文化类建筑”，获得世界建筑新闻“2016最佳表演空间”奖。它不仅是哈尔滨市的地标性建筑，更是游客和市民观光休闲、参与文化活动的文旅胜地。

哈尔滨大剧院由MAD建筑事务所设计，马岩松主创。其设计以北国冰城为灵感，造型如连绵的雪山与冰川，融合自然意象与先锋美学，是马岩松“山水城市”理念的代表性实践。建筑群包含大剧场、小剧场及音乐博物馆等功能空间。建筑采用异型双曲面钢结构体系，施工工艺极为复杂。内部流线型的空间与外部造型形成呼应，大剧场内溶洞式的空间及岛式看台更增加了声学设计的品质。

除此之外，哈尔滨大剧院是全球首例采用自然光引入技术的建筑，在非演出时段实现了环保照明，开创了节能环保的新模式。另外，在大剧场内特别设置的观景平台和观光环廊，为观众提供了俯瞰周边湿地、饱览冰城独特风光的绝佳视角。

▼ 哈尔滨大剧院

▲ 哈尔滨大剧院夜景鸟瞰

▲ 哈尔滨大剧院鸟瞰

哈尔滨音乐厅

哈尔滨音乐厅位于哈尔滨的群力新区主轴景观带的核心区域。建筑采用日本著名规划设计机构矶崎新工作室的设计方案，融合哈尔滨的冰雪文化，整体造型采用“浮游冰晶” 的设计。这座飘逸的冰雕玉琢般的音乐厅，作为冰城哈尔滨的崭新亮点为人们提供了光彩夺目的标志性建筑。与此同时，为了提升声学效果和力度，研究设计了最合适的建筑体量，并使候场大厅与观众厅形成浑然一体的无柱大空间，使最新型的音乐鉴赏方式成为可能。

该建筑拥有 1200 座席的大厅、400 观众席的小厅以及候场大厅。其“浮游冰晶”造型是体根据自然现象，从体态各异的冰雕结晶中抽取构成要素设计而成的。主体采用倾斜的钢骨架结构，而外层采用双层玻璃幕墙，即在传统玻璃幕墙的内侧加装一层工艺雕刻玻璃幕墙，利用现代技术进行结构和建筑声学的分析，得到严密的具体化的设计结果，目的是使音乐厅内部达到专业级的声学标准。

在雪夜的寂静中透出夺目光彩的晶莹剔透的“浮游冰晶”，可以给在厅内欣赏音乐的观众以及漫步在街上的行人带来一种对该城市亘古文化的回想以及对未来的展望与憧憬的心情。在夜空映衬下，“浮游冰晶”晶莹剔透，犹如一颗璀璨的钻石，点亮了哈尔滨这座“音乐之城”的夜晚。

▼ 哈尔滨音乐厅鸟瞰

▼ 哈尔滨音乐厅夜景鸟瞰

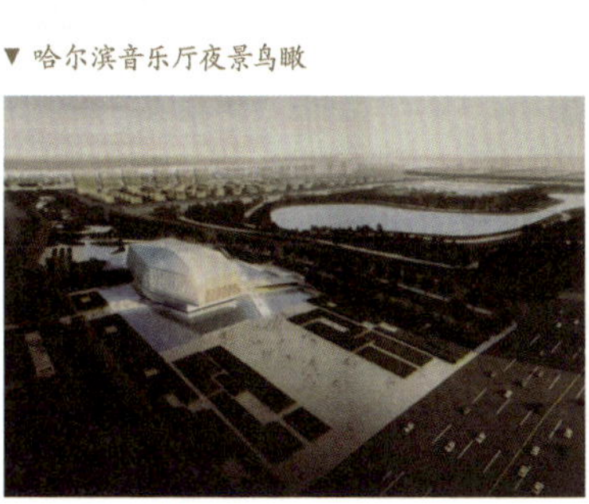

▼ 哈尔滨音乐厅室内

哈尔滨国际会展体育中心

哈尔滨国际会展体育中心——冰雪之城的会展新地标，位于哈尔滨市经济技术开发区内，西临红旗大街，东临南直路，南临长江路，北临黄河路，由哈尔滨工业大学建筑设计研究院设计。该工程属超大型公共建筑，由三部分构成：1号工程为拥有2500个国际标准展位的国际会展中心主场馆、综合训练馆及体育馆；2号工程为国际会议中心、宾馆（会议厅兼剧场，四星级宾馆）；3号工程为5万人体育场。

主场馆纵向长度为618米，横向为128米，下部为混凝土结构，屋面结构为曲面网架结构，中部采用多榀大跨张弦桁架结构。整个建筑划分为五个独立空间，左边三个为单层展览空间，第四与第五空间为训练馆和万人体育馆，五个巨型空间由玻璃长廊连接而成。2025年经升级改造成为第九届亚洲冬季运动会开闭幕式主场馆。

哈尔滨国际会展体育中心整体采用U形建筑群环抱中心广场式布局，

▼ 哈尔滨国际会展体育中心

▲ 哈尔滨国际会展体育中心鸟瞰

既能满足大型会展体育活动的集散要求，又通过围合式空间营造仪式感与领域感。

建筑形态呼应周围环境，椭圆形平面曲线屋顶与周边绿地广场形成建筑暨景观的整体感，宛如自然中生长而出。室外环岛型体育场的柔和曲线与自然地貌相协调，减少建筑对环境的压迫感。同时依据可持续发展理念，对建筑进行绿色环保设计。

哈尔滨国际会展体育中心不仅是一座现代化超级建筑群，更是连接世界与哈尔滨的桥梁，它将哈尔滨的城市特质融入建筑语汇之中，展现出哈尔滨作为创新之都的独特魅力。

哈尔滨银行总部大楼

哈尔滨银行总部大楼位于道里区群力新区群力大道与上江街西南角，由美国 KPF 建筑师事务所设计。主要功能包括办公楼、招待中心、体育馆、营业大厅。

建筑设计灵感来自哈尔滨市市花——丁香花，四栋不同功能的建筑分别代表丁香花的四个花瓣，哈尔滨银行的 logo 也是丁香花，正好与此灵感暗合。立面设计充分吸取了哈尔滨城市传统建筑特点及国际先进金融机构写字楼的最新造型，简洁明快，用石材、玻璃等不同建筑材料双层高度模数、不同密度分布，令人在独特的立面上能够阅读到每一个体量的元素，又能将整个立面融为一体。不同时间的光线变化，为建筑物外部增添动感，不同的角度都有美的感受。

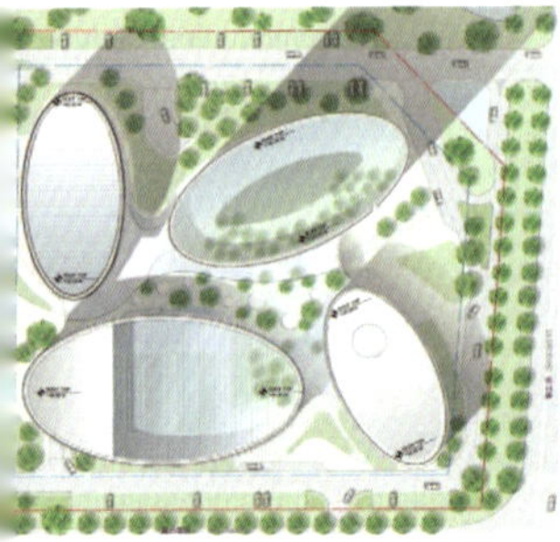

▲哈尔滨银行总部大楼平面规划设计

▲哈尔滨银行总部大楼效果图

▲哈尔滨银行总部大楼

黑龙江省冰上训练中心速滑馆

黑龙江省冰上训练中心速滑馆位于南岗区南通大街 128 号，建于 1995 年，由哈尔滨工业大学设计，2025 年经改造升级后成为第九届亚洲冬季运动会核心比赛场馆。改造加固设计单位是中建研科技股份有限公司。速滑馆规模宏大，包括国际标准速度滑冰场一块、短道速滑冰场两块，总层数三层，地下一层，地上一层，局部二层。速滑比赛场地为标准的 400 米场地，观众座席近 2000 个，设有会议室、贵宾室、运动员休息室、裁判员休息室、磨刀室、兴奋剂检测中心、电视转播室、大屏幕显示设备等附属设施。

建筑采用大空间钢网架结构，这种结构形式在保证场馆内部开阔空间的同时，通过优化受力分布，显著提升结构稳定性和安全性。此次改造后，将原有大面积玻璃采光带替换为保温铝镁锰材质，面积大幅缩小，既减轻了钢结构承重，又实现了自然采光与节能的平衡。此外，将绿色低碳技术应用到屋面和外墙，采用新材料配合电动排烟设计，优化建筑节能标准。

速滑馆的建筑特点体现了“绿色、共享、开放、廉洁”的办赛理念，通过结构创新、技术升级和细节优化，历史场馆转化为符合国际标准的现代化冰上运动中心。其设计不仅满足赛事需求，更以可持续发展的思路为未来体育场馆的改造提供了范本。

黑龙江省冰上训练中心速滑馆

速滑馆内部

黑龙江省图书馆新馆

黑龙江省图书馆新馆位于南岗区长江路 216 号，由哈尔滨工业大学建筑设计研究院设计。主体建筑地上六层，地下一层，裙房为地上三层，地下一层。

建筑以其独特的文化方舟形象，寓意图书馆作为知识载体，承载城市文化。建筑造型展现简洁、流畅、新颖特征，摆脱了传统图书馆建筑的刻板印象。建筑整体高低错落布局，在空间上形成了丰富的层次，增加了立体感。主体建筑采用灰色亚光铝板与银灰色镀膜反射玻璃幕墙，模拟冰雪的纯净质感，呼应哈尔滨冰城特色的曲线造型如冰面起伏或松花江流水，将地域自然特征转化为建筑语言。白色花岗岩与上部轻盈的建筑造型共同形成一座典雅大方的现代建筑。

黑龙江省图书馆新馆

▲黑龙江省图书馆新馆全景

建筑通过建筑外观的隐喻与城市空间叙事，将地域文化与时代特色相结合，不仅塑造了识别性很强的城市文化地标，更以建筑语言阐释了图书馆作为文化方舟的内涵，既是对历史文脉的守护，也是知识传播的起航点。

深圳（哈尔滨）产业园科创总部

深圳（哈尔滨）产业园科创总部位于哈尔滨江北一体发展区，以“深哈合作·科技智造城”为定位，构建新一代信息技术、新材料、智能制造、现代服务业四大产业集群，形成产业生态闭环，塑造“一轴、两街、三坊”的空间结构，是赋能东北振兴试点示范区。由哈尔滨工业大学建筑设计研究院和哈尔滨工业大学建筑学院共同设计完成。

园区占地约 26 平方千米，核心启动区约为 1.53 平方千米。核心启动区是复合型科技产业园，采用“1+1+3+4”的空间规划体系，实现各类建筑功能的有机联合。园区特别采用适合寒冷气候的巨型暖廊，将生活区、生产区，以及公共空间与私密空间进行立体化连接，既满足了人们对建筑的功能性需求，又体现了建筑的科技美学。

该项目的创新之处在于采用叠块式的建筑单元，结合专为适应北方寒地气候特征设计的巨型暖廊，以集成优化的方式构建复合型城市综合体，打造生态共享、多元混合的现代园区。园区内三个圆形的红色建筑形成视觉中心。其功能分别是园区食堂、共享报告厅和附属商业。设计应用高明度、高彩度的跳跃性色彩，形成颜色梯度，与主体建筑产生冷暖对比的效果，打破了单一色调所形成的疲劳感，为哈尔滨冬季街景增色添彩。园区建筑各具特色，和而不同，塑造科技未来的建筑形象。

深哈产业园坚持“创新引领、绿色生态、复合活力、凸显特色、智慧先行、开放共享”的规划策略，将成为哈尔滨体制机制创新区、黑龙江对外开放引领区、国家区域协调发展示范区及对标国际一流营商环境的战略性新兴产业发展高地。

▲深圳（哈尔滨）产业园科创总部鸟瞰

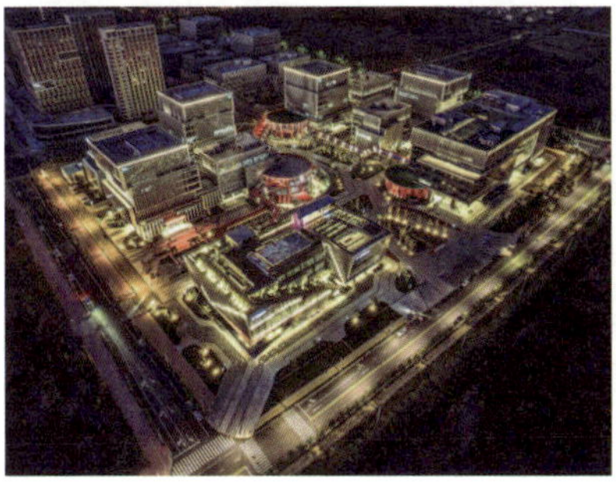

▲夜景

▲深圳（哈尔滨）产业园科创总部鸟瞰

▼园区连廊

富力江湾新城公建区

富力江湾新城位于道里区友谊西路沿江核心地带，包括超五星级顶级豪华酒店——丽思卡尔顿酒店、两栋超甲级江景写字楼，以及高端购物中心。

建筑造型的设计灵感来源于松花江的冰晶体，“冰晶体”折面盘旋上升，让塔楼从各个角度观看都有不同的趣味。主体立面由玻璃与铝板组成。铝板交错布置，从塔底到塔尖，由宽渐窄，由密渐疏，使得塔楼更加挺拔，成为哈尔滨真正的地标式的建筑。商业裙房部分以简约为主题，同时创造了活跃的临江立面。商场重视人性化的理念，提供了虽在室内但具有室外感的冬天花园，以户外形式的餐饮布置，使人们临江而坐，却能享受室内的温暖。北边利用了基地高差不同，打造活动空间，设计一个户外溜冰场，配合哈尔滨的气候为冬天带来活动的空间。

▲富力江湾新城

▲塔楼

文脉 - 传承 - 创新

哈尔滨是一座多元文化交融的城市，以其独特的城市风貌享誉中外。

20 世纪 80 年代，哈尔滨历史文化保护工作已经起步。1984 年，哈尔滨市政府公布首批 75 栋保护建筑名单，并颁发保护建筑标志牌。1994 年，经国务院批准，哈尔滨被列入第三批国家历史文化名城名单。2012 年，《哈尔滨历史文化名城保护规划（2011—2020）》获黑龙江省政府批复，由此确立了哈尔滨主城区历史文化名城保护体系和总体格局。

目前，哈尔滨已经基本确立了 1 座国家历史文化名城、3 个历史城区、13 片历史文化街区、9 片历史文化风貌区、961 栋各级文物保护单位和一般文物建（构）筑物以及 303 处历史建筑的完整保护体系。

2024 年是哈尔滨荣获国家历史文化名城称号 30 周年，因此，将每年 6 月 28 日设立为“哈尔滨国家历史文化名城保护日”，旨在赓续城市文脉、塑造城市形象，营造热爱城市、尊重历史的良好氛围，这对提高哈尔滨的历史文化影响力具有重要意义。

中央大街历史文化街区风貌提升

哈尔滨中央大街全长 1450 米，沿街分布着古典主义、巴洛克、新艺术运动、折中主义等多种风格的建筑，素有“露天建筑博物馆”之称。历史文化街区以中央大街为核心，南起经纬街、西十六道街，北至松花江畔的防洪纪念塔，西起通江街，东至尚志大街，定位为高品质的步行街与欧陆文化休闲区，是哈尔滨最具代表的商业文化地标。

1986 年，哈尔滨市政府将中央大街列为保护街路。1997 年，中央大街被改造为全国第一条商业步行街。2003 年至 2005 年，中央大街及其辅街得到综合治理和升级改造，其间，中央大街荣获中国人居环境范例奖、中国历史文化名街等称号，2012 年被评为国家 AAAA 级旅游景区。

中央大街在风貌提升中焕发新的生命力，形成高品位的步行街区。整个过程遵循“政府引导、企业主导、市场调节、居民参与、分步实施”

▲中央大街从北向南鸟瞰

▶
中央大街历史文化街区规划图

▼中央大街中区鸟瞰

的原则，主要从两大方面着手。首先是中央大街本身的升级：重点修缮老建筑，更新基础设施，增加新的特色景点。其次是对街区周边的配套改造，不仅要调整商业布局，还要完善公共设施，挖掘那些藏在周边院落里的历史故事，丰富街区文化底蕴，使中央大街和周边街道、庭院形成联动，实现文化、旅游、商业的完美融合，重现历史风貌，成为国际化的“城市会客厅”。

道外传统商市历史文化街区璀璨焕新

道外传统商市历史文化街区是百年前哈尔滨民族工商业发源地，现存全国规模最大、保存最完整的中华巴洛克建筑群，是中西历史文化与建筑风格的交融之地。

街区位于道外区中部核心区，南起南勋街—丰润街，北至同发街—升平街—地灵街，西起景阳街，东至北十道街—南十道街，包含传统院落 257 个，重点保护建筑 28 栋，中华老字号 30 余家。

哈尔滨市政府先后在 2007 年、2009 年、2016 年启动了道外传统商市历史文化街区的一、二、三期改造项目，目前，一、二期工程已经顺利完成并投入运营，形成了集文化旅游、餐饮购物、休闲娱乐于一体的多元商业街区。道外传统商市历史文化街区的三期工程正在顺利实施中。

中华巴洛克历史文化街区的保护规划是：首先，从宏观层面上保护整体城市肌理、街巷骨架及街区形态，恢复历史街区的原有风貌；其次，尽

▼ 道外传统商市历史文化街区鸟瞰

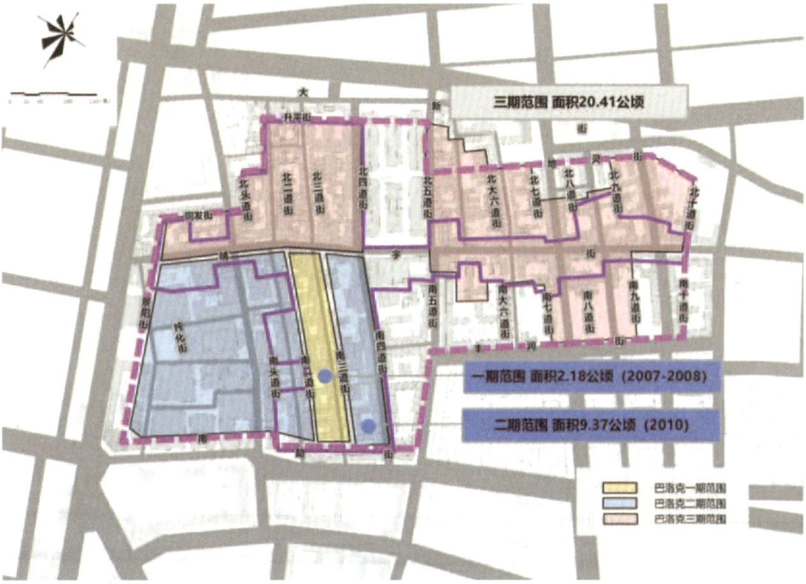

▲ 道外传统商市历史文化街区改造项目一、二、三期范围图

量保留历史院落，通过对不同类型院落空间进行详细探查和设计，再现了“前店后厂”和“下店上住”等商住形态；最后，遵循“修旧如旧”原则，对建筑进行分类保护。从前期测绘到方案设计，再到后期的施工，做到在溯源上“一楼一档”，在设计上“一楼一策”，在施工方面“精雕细刻”，

▼ 道外传统商市历史文化街区改造项目二期鸟瞰

在管理上实施“数字管控”，最终实现历史建筑最大限度的复原。

道外传统商市历史文化街区改造项目一、二期范围北起靖宇街，南至南勋街，西到景阳街，东到南四道街。设计理念是延续城市肌理，保留了街区原有的街巷骨架和里院形态，建筑风格遵循修旧如旧、恢复旧样的原则，并且引入欧洲传统城市“广场＋街坊”的设计手法，营造丰富的街巷空间形态。通过引入联系通道，将较为封闭独立的里院式街区形态打通并串联，形成更适应现代城市文旅需求的趣味空间。同时，通过提升建筑品质、扩大建筑空间尺度，以满足现代化功

▲ 道外传统商市历史文化街区改造项目三期靖宇街街景

▲ 道外传统商市历史文化街区改造项目三期北头道街街景

能空间需求及新时代城市风貌要求。塑造尺度适宜的小广场，有效激活整个街区的空间活力。

道外传统商市历史文化街区三期南起南勋街—丰润街，北至同发街—升平街—地灵街，西起景阳街，东至北十道街—南十道街。区域内现存院落 80 余处。首先，用面包石铺设靖宇街路面，再现街区的原有风貌；其次，完整保留城区原有的肌理和街巷骨架，在保留原有院落空间的基础上，通过适当调整院落空间尺度以及院落之间的连通空间，打造更富活力的里院空间体系；最后，利用新技术和新工艺恢复建筑原来的立面造型。

道外传统商市历史文化街区集中展现了五个文化特色：以民族工商业发祥地和闯关东精神为核心的商市文化、西方建筑本土化演变的建筑文化、商住功能混合的街院文化、以民间文艺活动为载体的民俗文化，以及以传统老字号小吃为代表的餐饮文化。通过将历史文脉与新兴业态有机融合，街区实现了历史空间与现代生活的无缝衔接，成功探索出历史街区的活化利用路径。

未来，道外传统商市历史文化街区将打造成为集“文创长廊、乐活天堂、时尚秀场、美食家乡、记忆街巷”于一体的特色文旅地标，成为哈尔滨极具吸引力的时尚打卡新名片。

中东铁路第一松花江大桥及铁路公园空间重塑

中东铁路第一松花江大桥（也称“老江桥”）是中国第一座跨度超千米的大型铁路桥梁，也是松花江上的第一座铁路桥，它见证了哈尔滨从小渔村蜕变为国际化都市的百年历程。

这座承载着哈尔滨城市发展记忆的大桥，于 2014 年正式结束运输使命，改造后，于 2016 年以全新姿态重生为观光步行桥向民众开放。如今，这座大桥上铺设了中央的玻璃栈道和两侧的自行车专用道，大桥南北两端通过景观设计串联起中东铁路公园与铁道兵纪念园两大主题空间。配套建设的中东铁路印象馆、铁道兵启航纪念塔等文化地标，

▲ 江桥夜景

▲ 中东铁路公园内的中东铁路印象馆

▲ 铁道兵纪念园中的铁道兵启航纪念塔

将工业遗产与城市记忆完美融合。独特的铁路文化脉络结合开放的城市公共空间，使这座百年桥梁成功转型为兼具历史厚重感与现代活力的市民休闲旅游胜地。

花园街历史文化街区再绽华彩

花园街历史文化街区位于哈尔滨市的中心城区南岗区，占地 32.84 万平方米，有哈尔滨最大的中东铁路风格的建筑群。花园街历史文化街区主要包括 A、B、C、D 四个街区，是花园城市理论在哈尔滨的历史见证和遗存。

2020 年，哈尔滨工业大学与圣彼得堡国立大学开启战略合作项目，在 A、B、C 区建设中俄联合校园。中俄联合校园通过设立中外合作办学机构、交叉研究中心和成果转换机构，着力打造国际合作教育的样板区，是哈尔滨工业大学 2020—2035 年校园总体规划中的重点项目，也是黑龙江省百大项目之一，因而备受瞩目。

中俄联合校园的规划设计主要从三个方面进行。

首先，保护和延续花园街历史文化街区的城市格局和城市肌理，尤其是保留了街区内的所有古树名木，实现“存木续脉”。其次，对街区内的历史建筑修旧如旧，保留原有建筑的整体形象及建造工艺。最后，风貌控制区内的改建建筑和新建建筑与原有建筑相互协调，实现街区的风貌统一。更新与改造之后，各街区之间、新旧建筑之间通过空中暖廊连接，为人们的出行提供便利。

▲ 花园街历史文化街区 D 区单体建筑

▼ 中俄联合校园鸟瞰

▼ 中俄联合校园鸟瞰

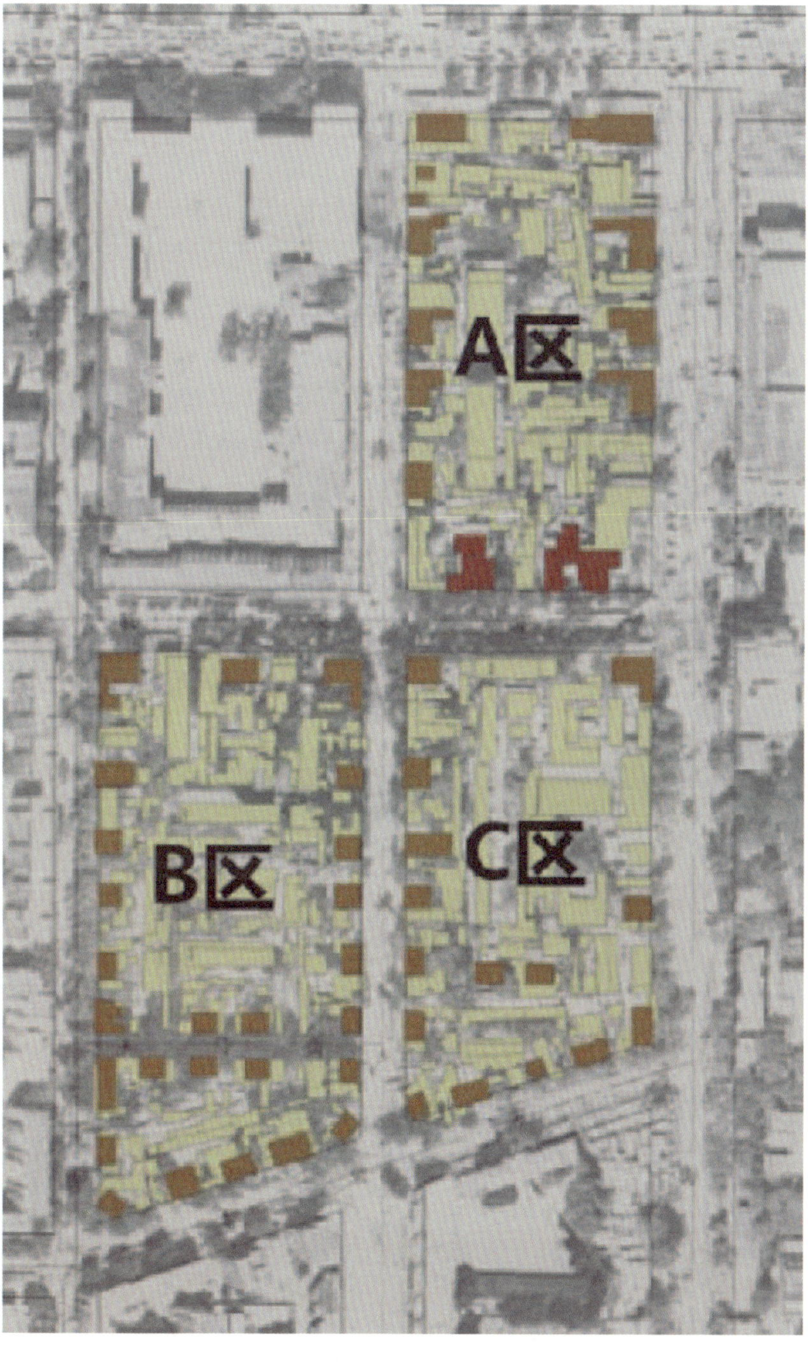

▲ 中俄联合校园街区位置图

西城红场工业遗产重生

西城红场坐落于哈尔滨哈西新区核心地段，是基于老工业厂房旧址改建而成的商业综合体，总占地面积12.8万平方米，总建筑面积达46万平方米，作为哈尔滨新兴的大型文旅地标，成功实现了时尚潮流元素与艺术文化底蕴的有机融合。

西城红场的设计创新体现在工业文化遗产的灵活利用上，将机械工业基因注入现代商业空间，既完整保留了城市工业记忆脉络，又为区域发展注入了新的生机。

西城红场的原址是哈尔滨机联机械厂。现代主义风格的老厂房被保留下来，既是哈尔滨工业文明演进的见证，也是西城红场的文化资产。

▼ 西城红场鸟瞰

▲ 西城红场鸟瞰

▼ 西城红场艺术长廊

哈尔滨音乐公园及音乐长廊弦歌赓续

哈尔滨音乐公园坐落于松花江南岸的群力新区，是以音乐为主题的沿江景观带。音乐长廊既是公园的标志性建筑，也是公园与群力新区景观轴线的重要交会节点。

音乐公园占地 49.2 万平方米，东西延展 4.3 千米，中心广场面积约 5000 平方米。2016 年建成的音乐公园由三部分构成：东侧的东方音乐主题公园，西侧的西方音乐主题公园，以及中间将东西两侧主题公园连接在一起的双塔式巴洛克风格音乐长廊。

为弘扬哈尔滨音乐历史文脉，突出哈尔滨“音乐之城”的城市特质，音乐公园精心打造多个特色音乐主题景观。音乐长廊特别设置展现哈尔滨之夏音乐会相关内容的板块。同时，通过景观轴线设计，公园将群力新区的现代音乐设施与松花江自然风光连接起来，构建一个集艺术体验、生态休闲于一体的城市公共空间。

松花江南岸的音乐公园和音乐长廊，与北岸的哈尔滨大剧院隔江相望，二者以建筑为音符，以江水为琴弦，合奏出独属于哈尔滨这座音乐之城的美妙乐章。

▲ 哈尔滨音乐公园和音乐长廊街景

▲ 哈尔滨音乐公园和音乐长廊内景

▲ 哈尔滨音乐公园和音乐长廊沿江立面

▲ 哈尔滨音乐公园和音乐长廊沿街立面

▲ 哈尔滨火车站南广场鸟瞰

▲ 哈尔滨火车站北广场鸟瞰

▼ 2018 年哈尔滨火车站站台的雨篷长廊

哈尔滨火车站蜕变新生

哈尔滨火车站位于南岗区核心位置，始建于 1899 年，是中东铁路（时称“东清铁路”）唯一的一等站及中心枢纽站。火车站由俄国建筑师基特维奇设计，采用新艺术运动建筑风格，整体造型优雅别致，充满灵动感。

历经从秦家岗站到现代化交通枢纽的演变，哈尔滨火车站经历五次改造与扩建，完整见证了哈尔滨的城市发展历程，已经成为哈尔滨重要的历史地标。哈尔滨火车站最后一次改造项目包括南北站房及附属建筑、高架候车站台雨篷、地下通道以及南北广场等。

哈尔滨火车站改造项目的创新性体现为主体站房为延续历史文脉、彰显地方特色，采用新艺术运动建筑风格，现为全球规模最大的单体新艺术运动风格建筑。

由于新建站房的体量远大于旧站房，设计者采用多种设计手法化解矛盾，通过比例调整、风格融合、细部优化、色彩调整等方式，在建筑主体保持新艺术运动建筑风格的同时，融合了莫斯科商场的孟莎式屋顶、马迭尔宾馆的建筑符号等。北广场整合圣伊维尔教堂及育婴院等历史建筑，构建复合型的城市景观空间。另外，为解决哈尔滨火车站的城市交通问题，设置穿越式的地下交通网络，实现地铁与城市路网的无缝连接。新建的高架候车站台雨篷长廊则采用欧式拱廊形制，形成气势恢宏的视觉通廊。

▼ 哈尔滨火车站第一代站舍

▼ 哈尔滨火车站第二代站舍

▼ 哈尔滨火车站第三代站舍

▲ 哈尔滨火车站第四代站舍